HI
HO
朝日選書
898

電力の社会史

何が東京電力を生んだのか

竹内敬二

朝日新聞出版

目次

図（クレジットのないもの）　朝日新聞社

電力の社会史
何が東京電力を生んだのか

竹内敬二

まえがき

東京電力福島第一原子力発電所の事故は、1986年の旧ソ連チェルノブイリ原発事故と並んで永久に世界史の教科書に載るだろう。その歴史的な大事故を、報道する立場から目撃した。

3基の原発の同時炉心溶融、放射性物質の大量放出、多数の住民の避難と続いた混乱は、原子力を長い間取材してきた私にとっても驚愕の連続だった。原子力政策を批判的な立場から見てきたつもりだったが、巨大な「安全神話の海」の片隅で泳いでいたに過ぎないことを思い知らされた。

事故による被害がこれほど拡大したのは明らかに人災だった。未曽有の地震と津波がきっかけだったとはいえ、原発は「自然現象では壊れない」と計算して人間が海岸につくったものだ。その安全基準が不十分だったことと事故後の不手際が一層被害を広げた。そして事故が進行中の原発から作業員が撤退しようとしたことは、原子力を扱う企業が当然備えておくべき準備と、いざというときの気概、覚悟が足りなかったことを示している。

福島事故にいたる歴史を振り返れば、原子力の規制当局は、過酷事故（シビアアクシデント）への対策がないことを知りながら「見て見ぬふり」をしてきた。その中で安全規制は骨抜きにされた。そして原子力政策をつくる役所は、政策が行き詰まっていることを知りながら、それを無視し、改革の先送りを繰り返してきた。

事故の背景には、こうした原子力行政と電力制度の構造上の問題がいくつもあり、いつかどこかで大きな事故が起きても不思議ではない状況が生まれていた。福島事故は、ある意味で、戦後原子力政策の必然的な帰結だったといえる。

日本では戦後、九つの巨大電力会社（後に沖縄を入れて10社）が全国を九つの地域に分け、地域で独占的に営業してきた。以後、60年間にわたって一度も大きな制度改革がなされることなく現在にいたっている。競争にさらされることなく巨大な力をつけた電力会社は、ある部分ではエネルギー政策を担う国よりも強くなり、立場が逆転した。

電力業界の政治的強さは、国の規制当局をコントロールするまでになり、安全規制において緊張感が全く足りない状態になっていった。これについて、国会による福島第一原発事故の調査報告書は「電気事業者と規制当局との関係は、規制する側とされる側が逆転し、規制当局が電気事業者の『虜《とりこ》』の構造ともいえる状態で、安全文化とは相いれない」と異例の強い表現で批判している。

気がつけば、日本の電力制度も他の国と大きく異なるものになっていた。１９９０年代以降、欧州では電力自由化が進み、消費者が電力会社を選べる仕組みが取り入れられた。また、原発に過度に頼らず、風力発電や太陽光発電といった自然エネルギーの普及に努めた。日本では、消費者は電力会社を選べず、地域で独占的に営業する電力会社から電気を買わざるを得ない状況に置かれてきた。

こうした電力制度やエネルギー政策を変えようとする動きはあった。2000年以降、経産省と電力業界の間で二度、大きな論争、綱引きがあった。最初の動きは、2002年前後に議論が盛り上がった「電力自由化」だ。欧米では一般的である、発電する会社と送電する会社を分ける「発送電分離」の是非も議論になった。

二度目の動きは2004年ごろに議論された原子力の「核燃料サイクル」の見直し議論である。原発の使用済み燃料を再処理してプルトニウムを取り出し、それを原発で使う核燃料サイクルを進めるのか、再処理せずにそのまま地中に廃棄するのかが議論された。これは公的な場で行われた日本の原子力史上で唯一の「原子力路線論争」だったといえる。

この二度の「闘い」において、電力業界は反対勢力を押し切って自分の主張を通すことに成功した。電力業界の二勝〇敗である。

電力会社は地域独占の体制を維持し、核燃料サイクル政策を推進した。「トイレなきマンション」と批判される、原発の使用済み燃料の処理問題も先延ばしされた。加えて、地球温暖化の対策として、二酸化炭素を出さない電源として原発依存をさらに強めようとした。

こうした中で福島第一原発事故が起きた。16万人が故郷を追われ、避難生活を余儀なくされている。放射能が人々の暮らしを破壊し、空気のようにまき散らされた放射能を集めるために国や自治体が巨額の費用をかけ、終わりの見えない時間の中で働いている。原発事故は間違いなく、日本という国家を弱体化させている。

原発事故は、戦後では最大の惨事、事件だった。しかし、時間が経つにつれ、被災者の苦しみへの共感が薄れつつある。そして、政権交代とともに、「原子力に戻ろう」という力が再び頭をもたげ、電力制度改革においても「今のままでいい」という声が大きくなりつつある。

原発事故後の政策論議と政治の変化は激しい。しかし、最低限しなければならないのは福島の事故を反省し、その教訓を将来のエネルギー政策と電力制度の変革に生かすことだ。事故を起こしてしまった世代の責任である。

事故を招いた日本のエネルギー政策や電力制度はどのような経過をたどって形づくられたのか。なぜ変革の機会を逃したのか。本書では福島事故を起こすにいたった電力の構造的な問題を明らかにし、将来の政策を考える視点を示したい。

なお、文中の肩書きは原則として当時のものである。

第1章　福島原発事故——戦後電力政策の敗北

福島原発の周辺に無人の地が広がっている。これから長い間、日本人に、「日本はいつ、何を間違ったのか」を問い続ける場所になる。福島原発事故とその後の電力危機の背景には、日本の原子力安全行政と電力制度が蓄積してきた問題がある。「日本では原発の大事故は起きない」という言葉は、当初は原発を立地する地域向けの「方便」だったが、その緊張感のなさは、いつしか原子力安全行政にも、原発を動かす人の意識にも入り込んでいた。

第2の汚染大地

バスの窓を隔てた先には異様な光景が広がっていた。福島第一原発事故から二度目の秋、原発周辺は黄色い海が広がっていた。稲穂の黄金色ではない。外来種のセイタカアワダチソウの毒々しい黄色だ。あたかも人が植えたかのように、あぜで区切られた水田をびっしりと埋めていた。

事故から1年7カ月たった2012年10月、福島第一原発を訪れた。復旧の拠点となっている広野、楢葉《ならは》の両町に広がるサッカー施設「Jヴィレッジ」から、国道6号線を北上し原発に向かった。道路沿いの車のディーラーのショーウィンドウのガラスは割れたままだ。地震の地割れでできたスーパーマーケットの駐車場のアスファルトの裂け目から雑草が伸びている。

人が去った土地はどうなるのか。不思議だが、水田にセイタカアワダチソウ以外の雑草はほとんどなかった。よほど生息条件が合うのだろう。セイタカアワダチソウは水のない水田のような適度に乾燥した土地を好む。周囲から飛んできた種子が根付き、地下茎を広げて一気に広がる。いったん、土地を占有すると他を寄せ付けない。在来種のススキが闘いむなしくところどころに生えているだけだ。

Jヴィレッジのある広野町は2011年9月に避難準備区域の指定が解除された。だが、戻ってきた住民はわずかだ。町内の小学校にはもともと300人の児童がいたが、70人ほどしか戻っていない。それでも家の前に車が止まり、少しだけだが生活のにおいがした。

広野町を出ると人気はまったくない。事故直後に住民が避難し、戻ってきていないからだ。今も放射能に汚染されているが、それを感じることはできない。見た目には何も変わらないのに土地が捨てられる。原発事故の異様さだ。

一帯は夜になると「野生化」した牛と車の衝突事故が起きる。放棄された家畜の多くが餓死したが、逃げだして生き延びた牛がいる。その後の人間による捕獲・殺処分を逃れ、冬を越して子どもも生まれた。豚もいる。野生のイノシシも増えているという。

1986年に世界最大の原発事故が起きた、ウクライナのチェルノブイリの広大な無人地帯を思い出した。強制移住で住民が消えた土地に野生動物が増え、「動物のサンクチュアリ」になっている。当局は、森林や畑だった土地の除染は経済合理性がないとして何もしていない。農業の再生はあきらめ、人を戻すことも考えていない。畑は松やシラカバの森に戻りつつある。ここ福島はどうなっていくのだろうか。

原発に近づくにしたがって放射線量の値が上がる。富岡町内では毎時2・8マイクロシーベルト、大熊町総合スポーツセンターでは4・3マイクロシーベルト、福島第一原発の入り口では5・4マイクロシーベルトだった。屋外の線量が3・8マイクロシーベルトの場所で普通に生活すると、年間20ミリシーベルトの被曝をすることになる。一般人の線量限度は年間1ミリシーベルトだ。

＊

福島第一原発に着いた。周辺は人気がないのに、原発構内は車が行き交い「活気」がある。事故処理のために3000人が働いている。ただ、だれもが白や青の防護服を着て、防塵マスクをつけている。

放射性物質のついたほこりが体につかないようにし、体内に吸い込まないようにするためだ。

この人たちの仕事は、事故を起こした原発の後始末だ。ただの整理ではない。原子炉の中にある核燃料は事故でどろどろに溶けた。崩壊熱が出続ける核燃料を水で冷やし続けている。冷却水は放射能で汚染され、原発敷地内のタンクに貯め続けている。

福島第一原発には6基の原発がある。東日本大震災が起きた当時、1、2、3号機が運転中だった。原子炉はすぐに止まった。止まった原発も水で冷やし続ける必要がある。停電になったが、非常用ディーゼル発電機が動くはずだった。

一番北側の6号機の脇に空冷式の非常用ディーゼル発電機がある。第一原発に13基あった非常用発電機のうち、津波が来たあとも唯一動いた発電機だ。海面から13メートルの高台にあったことで津波を免れた。このディーゼル発電機が生き残ったことで、5、6号機の原子炉の冷却を続けることができ、さらなる大事故になるのを防いだ。

残りの12基は水冷の発電機で、主に海水を取りやすいようにタービン建屋の地下、海面からたった2メートルほどの位置にあった。このため、津波に襲われて水没し、発電機は動かなくなった。「原発の電気が止まっても原子炉1基につき二つも非常用発電機があれば、どう考えても大丈夫だ」と思われていたが、そうした人間に都合のいい想定は大津波の前にひとたまりもなかった。

原子炉を冷やせなくなった1、2、3号機では、燃料が溶ける炉心溶融事故が起きた。燃料は鋼鉄製の圧力容器の下にたまり、さらにそこを突き破って下に落ち、格納容器の底にたまっていると見られている。炉心溶融の中でも極めてひどいレベルだ。

さらに、炉心溶融で水素が発生し、1号機と3号機は爆発事故が起き、格納容器の外側にある建屋が吹き飛んだ。建屋の壁は厚さ50センチの鉄筋コンクリート製だが、これが破れ、中の鉄筋や鉄骨がぐにゃぐにゃに曲がった。

水素爆発をテレビの映像で見たときは、建屋は簡単に壊れたように見え、体育館の外壁のような簡素なつくりだと思った。しかし、間近で見ると、分厚い鉄筋コンクリート製の頑丈な建物だ。爆発のすさまじさがわかる。格納容器や、その中にある圧力容器がよくぞ破裂しなかったものだと思う。

震災当時に止まっていた4号機でも水素爆発を起こし、原子炉建屋が吹き飛んだ。3号機から水素が配管を伝って回り込んだといわれている。建屋5階床面に水面があった使用済み燃料を入れたプールが崩壊の危機に陥った。

事故当時、4号機の原子炉は工事のため原子炉に燃料は入っていなかった。その代わり使用済み燃料プールに燃料が移され、使用済み燃料など約1500本がぎゅうぎゅう詰めの状態で入っており、激しい崩壊熱を出していた。1500本というのは、炉心にいれる本数のほぼ3倍だ。

そのプールが地震と爆発で壊れかけ、非常用発電機の故障で冷却機能を失った。これに世界中が震撼した。地震と水素爆発で弱体化した建屋が余震でさらに壊れれば、ものすごい放射能を出す使用済み燃料が外気にさらされる。燃料が溶けて塊になれば再臨界を起こしかねない。

それにしてもこんな危ないプールが高いビルの上階にあり、さらにそのプールに大量の使用済み燃料があったことは驚きだった。

それは使用済み燃料を「持って行く場所がない」からだ。核燃料サイクル政策の行き詰まりがこんなところに影響している。

余震がくれば危ないので、東電は、事故の後に、鉄骨とコンクリートでプールの下部を補強した。プールの中の燃料を本格的に取り出すのは２０１3年末以降になる。

原発構内にはいまだに津波でひっくり返ったトラックなどがそのまま放置されていた。構内の放射線量は非常に高い。私が訪れたときは、1号機タービン建屋の海側で毎時２０２マイクロシーベルト。3号機タービン建屋海側で７５０マイクロシーベルトだった。そこに1年間立っていれば6シーベルト以上になる。おそらく死亡する。

敷地南側の海抜35メートルほどの高台に立った。眼下に原子炉建屋を見下ろす。その先には太平洋が広がる。私が立つ高さに原子炉があれば、事故は起きなかった。しかし、原発はわざわざ高台を20メートルほど削った場所に建てられた。海から冷却水を取りやすくするためだったという。

1号機の原子炉にはカバーがつけられ、鉄筋がぐにゃぐにゃに曲がった無残な光景は隠されていた。4号機は5階建てだったが、爆発でがれきが飛び散った5階部分がすでに取り除かれ、建屋の壁には「がんばろう福島」と大きな字で書かれていた。3号機の建屋上部はがれきや鉄骨がまだ残り、遠隔操作のクレーンで少しずつ取り除く作業が続けられていた。

一方、2号機の原子炉建屋だけはほとんど無傷のまま残っている。この2号機が、事故発生当時、関係者が「格納容器が爆発しそうだ」と最も周囲を震憾させた原子炉だ。原子炉圧力容器や格納容器の継ぎ目から高濃度の放射性ガスが大量に抜けたため、結果的に格納容器の爆発は免れた。また原子炉建屋の小窓がたまたま開いて水素が抜けたため、建屋の水素爆発も奇跡的に免れた。しかし、原発から北西に数十キロ細長く伸びている汚染は、3号機の水素爆発とともに、この2号機からの放射性物質の大量放出によるものだといわれている。

その証拠に、2号機建屋の内部の汚染は、毎時800ミリシーベルトという想像もつかないような放射線量を記録した。今後、内部の様子をロボットなどで調べ、除染し、溶けている燃料がどこにあるのかを確かめ、それを処理しなければならない。気の遠くなる作業だ。

これだけの大事故を起こした原発の処理方法は、どこの教科書にも載っていない。問題が解決するのは数十年後か、100年後か、あるいはもっと長いかもしれない。その間、放射能という目に見えない敵と闘いながら、発電とは関係のない非生産的で疲弊する処理作業を続けなければならない。

人災――過酷事故の準備なし

原発の安全性確保は過酷事故（シビアアクシデント）をいかに防ぐかに尽きる。米国のスリーマイル島（TMI）原発事故（1979年）やチェルノブイリ原発事故のあと、各国は「大事故は起こりうる」という現実を認め、対策を強化した。

その中で日本だけは、対策をとろうとせずにほとんど無視した。

「対策を強化すれば、それ以前には問題があったと認めることになる。それを指摘されるのは不都合だ」というのが電力会社や規制当局の本音だった。

電力会社や規制当局は危険性を認識していた。それでも無視できたのは、長い間にわたってつくられた電力業界と規制当局のなれ合いの関係があったからだ。その意味において、国会事故調査委員会で黒川清委員長が指摘したとおり、「事故は明らかに人災」だったといえる。

東日本大震災は3月11日14時46分に発生した。この地震と約1時間後に発生した津波が原発の事故を起こした。住民の避難指示が矢継ぎ早に出され、避難区域はそのたびに拡大していった。

11日19時3分、原子力緊急事態宣言
11日21時23分、福島第一原発3キロ圏の避難、10キロ圏の屋内退避を指示
12日15時36分、1号機の建屋が水素爆発
12日は断続的に避難指示の対象区域を拡大
12日18時25分、20キロ圏の避難を指示
14日11時1分、3号機の建屋が水素爆発
15日6時12分、4号機の建屋が水素爆発と2号機の格納容器が損傷（確定せず）
15日11時、20〜30キロ圏の屋内退避を指示

福島第一原発は、それまでの日本の事故想定をはるかに超えた。それ以前は、防災対策を重点的に充実させるべき範囲（ＥＰＺ）は原発から半径8～10キロで十分だとされていた。そこで考える放射能の放出は少量だったスリーマイル島原発事故を参考にした。放出が長時間続く、あるいは放射能が土壌に高濃度で沈着して「家に戻れない」といったことは考えられていなかった。

この防災指針がつくられたのは、チェルノブイリ原発事故のあとだった。その教訓をどう採り入れるかも議論の対象になったが、「日本の原子炉とは安全設計思想が異なるので同様の事態が起きるとは考えにくい」として考慮されなかった。

日本の原子力防災指針には次のような文章がある。「ＥＰＺのめやすは、原子力施設において十分な安全対策がなされているにもかかわらず、あえて技術的に起こり得ないような事態までを仮定し、十分な余裕を持って原子力施設からの距離を定めたものである」。こんなことが書かれていれば、緊張感のある対策や訓練が行われるはずがない。[*1]

さらに事故が起きた場合の住民避難は、ＳＰＥＥＤＩ（緊急時迅速放射能影響予測ネットワークシステム）で放射能の拡散を予測してから判断するというシステムになっていた。

福島の事故では、ＳＰＥＥＤＩの計算がうまくできず、さらに仮定に基づいて出した試算についても公表されなかった。つまり、住民の避難にはまったく役立たなかった。

原子力事故はさまざまなケースを想定する。「もし、こういうことが起きたらどうするか」を考えて対策をとる。過酷事故が起きないように対策はとるが、「それでも何かの理由で過酷事故が起きた場合にどう対処するか」を考える。それが世界の常識だ。

だが、日本はそうではなかった。「大きな津波が予想される」という指摘があっても、「起きるまでは考えないようにしよう」とする傾向があった。この背景にあった電力業界と国（規制当局）との特殊な関係を、国会事故調査委員会は次のように指弾している。

・事故の根源的原因は歴代の規制当局と東電との関係について、「規制する立場とされる立場が『逆転関係』となることによる原子力安全についての監視・監督機能の崩壊」が起きた点に求められると認識する。何度も事前に対策を立てるチャンスがあったことに鑑みれば、今回の事故は「自然災害」ではなく明らかに「人災」である。

・日本の原子力業界における電気事業者と規制当局との関係は必要な独立性及び透明性が確保されることなく、まさに「虜《とりこ》」の構造といえる状態であり、安全文化とは相いれない実態が明らかとなった。

・関係者に共通していたのは、およそ原子力を扱う者に許されない無知と慢心であり、世界の潮流を無視し、国民の安全を最優先とせず、組織の利益を最優先とする組織依存のマインドセット（思い込み、常識）であった。*2

海外の規制当局は過酷事故対策を義務として電力会社に課した。しかし、日本では電力会社の自主対応にとどまり、対策は不十分なままだった。電力業界は「日本では過酷事故は起きないので、念のための対策」という線を譲らず、規制当局も「それでいい」としていた。

福島事故の引き金となった津波の想定について、東電は低い値を出す土木学会の主張を都合よく使ってきた。土木学会の手法で計算した大津波の発生頻度は「数千年に1回」とされていた。東電はこの頻度について、「土木学会原子力土木委員会津波評価部会の委員・幹事と外部委員にアンケートした結果」としていたが、評価部会のメンバーは津波の専門家ではない電力会社の社員が約半数を占めていた。

実際、原子力安全基盤機構（ＪＮＥＳ）が計算すると、高い津波の確率は３３０年に一度となり、頻度は東電の主張の10倍も高くなった。

過酷事故を起こす原因は、①内的事象（機械の故障、人間のミス）、②外的事象（地震、火災、強風・竜巻き、洪水・津波、工場など付近の施設での事故）、③人為的事象（テロ）の三つに分けられる。米国はこれらすべてについて対策を考えるが、日本では内部事象だけを考えていた。外部事象はほぼ地震による揺れだけしか考えてこなかった。

その地震対策もあやしいものだった。２０００年には電力会社と原子力安全・保安院が、確率論的手法で地震と炉心損傷の可能性を計算した。

計算した原子炉27基のうち8基が「高い確率で炉心損傷が起きる」と出てしまった。より厳しいフランスの基準に照らすと、計算した原子炉のうち、北海道電力の泊原発以外はすべて基準に満たなかった。この「不都合な結果」は公表されなかった。

外的事象を検討しない理由として、「外的事象の評価は内的事象の評価に比べ、不確実さが大きいため、確率論に基づく検討を行う際には内的事象を対象とすること」と、電力会社でつくる電気事業連合会（電事連、電力10社が加盟）が判断した。確率論が難しければ他の方法（決定論的手法）でもやればいい。

一方、2001年の米国の同時多発テロを受け、米国をはじめ多くの国では人為的事象、例えば航空機の衝突など、さまざまなテロによる過酷事故が起きた場合の対策をとった。

米原子力規制委員会（NRC）の「B・5・b」の規制項目として知られる。これについては、日本から2006年と2008年の二度、保安院とJNESの調査団が渡米し、NRCから説明を受けた。しかし、日本の対策に反映されることはなかった。その理由は、NRCに「説明について録音してはならない」といわれて十分に理解できなかったことと、日本の過酷事故対策には関係ないと考えたからだという。中途半端で情けない対応だ。

福島事故の前に「B・5・b」の規制が日本でも導入されていれば、事故の拡大を防げていたかもしれない。「B・5・b」は、使用済み燃料プールの冷却設備が壊れた場合に、「電源を必要としない外部注水設備」を設置するよう定めている。

国際原子力機関（IAEA）は原発の安全対策について5層の深層防護の考えを示している。第1層は「異常運転、故障の防止」、第2層は「異常運転の制御、故障の検出」、第3層は「設計基準内の事故の制御」。ここまでが、いわば設計で織り込み済みの異常事態のレベルだ。これ以上のレベルが過酷事

表1　IAEAにおける深層防護の概念（第4層、第5層が過酷事故対応）

第1層	異常運転、故障の防止
第2層	原子炉の自動停止など異常運転の制御、故障の検出
第3層	安全な停止、設計基準内の事故の制御、放射能の閉じ込め
第4層	炉心損傷（溶融）に至ったあとの影響を緩和する対策
第5層	放射性物質の大量放出後に住民を守る対策

故対策になる。何らかの理由によって炉心溶融などが起きたときの対策である。第4層は「炉心の深刻な損傷と影響を緩和する対策」、第5層は「放射性物質の放出から住民を守る対策」である。

福島原発事故で必要だったのは、まさに第4層、第5層である。欧米では、「全電源喪失などが発生した」として、そこからの対策を考えている。米国は3年に一度の割合で「模擬テロ」訓練があるという。そのときには武装した人間が原発に押し入るという形をとる（**表1**）。

しかし、日本では「全電源喪失は起きない」「炉心溶融は起きない」ので4層、5層の防護対策はとられていない。福島第一原発で炉心溶融事故が起きたとき、過酷事故を想定していなかった原発の職員はあわてた。ベント（強制排気）の操作訓練は一度もなく、ベントを行う十分な図面もなかった。過酷事故への準備と訓練ができていたら、被害はこれほど広がらなかった。

日本では過去、海外で事故が起きた場合、「その事故のみ」に対応するというパッチワーク的な対策を繰り返してきた。「福島事故は津波で起きた。防潮堤を高くすれば大丈夫、だからもう大事故は起きない」というようなものだ。このため対策の範囲が狭くなった。さらに国会事故調の報告書は、「日本では過酷事故対策が後手に回っただけでなく、１９９０年代以降、安全研究の意欲も衰退した。海外ですでに研究されているという理由だった」と、やる気のなさを批判している。

過酷事故への無防備さについて、本当は多くの人が気づいていた。原子力安全委員会の班目《まだらめ》春樹委員長は国会事故調査委員会によばれて次のような趣旨を証言している。

「そもそも過酷事故を考えていなかったのは大変な間違いだった。国際的な安全基準は、決定論的な考えだけでなく確率論的な考え方とか色々なものを組み合わせて適切に考えなさいとなっているが、日本はまったく追いついていない。ある意味では30年前の技術か何かで安全審査が行われているという実情がある」

原子力安全委員長にしては他人事にすぎるが、これが真実だ。

しかし、過酷事故に対する一部の対策はなされており、それが役に立った。その一つが、１９９０年代、福島原発など沸騰水型炉（ＢＷＲ）の格納容器にベント弁（強制排気弁）が設置されたことだ。福島事故ではベントが何度か実施された。ベント弁がなければ、格納容器が爆発し、さらに大量の放射性物質が放出された可能性が高い。

実際にその危機はあった。事故発生3日後の14日夜から15日朝にかけ、2号機の格納容器が爆発寸前の状態になったのである。

「撤退はあり得ない」

地震の後、最初に炉心が溶融したのは1号機だった。事故拡大を抑えるうえで最初の誤算は1号機の原子炉格納容器の圧力を下げるためのベントの遅れだった。翌12日午後、1号機の原子炉建屋が水素爆発した。ベントの遅れが影響した可能性がある。

これによって、放射能で汚染されたがれきが周囲に飛び散った。作業員が近づけない場所が一気に増え、事故処理の作業を大きく制限した。対処が遅れ、次々と爆発事故が起きる「負のドミノ」のスタートだった。

2号機で事態が急変したのは14日午後1時過ぎだ。2号機は非常用冷却装置が稼働し続け、核燃料を入れた原子炉圧力容器内を冷やし続けていた。だが、3号機爆発の2時間後、ついに止まった。放置すれば、圧力容器の水が少なくなって炉心溶融が起きる。圧力容器から高圧の放射性ガスが外側の格納容器に漏れ出し、原子炉格納容器の圧力が上がり始めた。このため、圧力容器への水の注入はうまくいかなくなった。

14日午後7時44分ごろ、東電本店と発電所を結ぶテレビ会議システムでは、本店の職員が「三つ、炉心溶融ですね」と話す声が記録されている。「日本では起こらない」と言われていた炉心溶融が同時に3基で起きたのである。世界の原子力関係者がこれまで考えたこともない最悪の事態に突入した。

午後7時55分ごろ、「全員のサイトからの退避というのは何時ごろになるんですかね」の会話が記録されている。10キロ離れた福島第二原発へ撤退する計画である。

その後も、2号機の事態の悪化は止まらなかった。格納容器のベント作業がうまくいかず、圧力は上がり続け、14日午後10時50分ごろには設計圧力である4気圧を超えた。格納容器が爆発する可能性が強まった。

極めて高濃度の放射性ガスが入っている格納容器が爆発すれば、それまでの1、3号機の原子炉の建屋の爆発とはレベルの違う、首都圏を含む大規模汚染も起こりうる。

午後11時46分、格納容器の圧力は8気圧近くまで上昇した。だれもが「爆発が近い」と思った。14日夜から15日午前3時ごろにかけ、東電の清水正孝社長は、福島第一原発からの撤退を首相官邸に打診し、それを拒む官邸と対立した。いわゆる「東電撤退事件」である。東電は「撤退」ではなく、「退避」という言葉を使ったといっているが、原発制御の指令機能を福島第二原発へ移そうとしていたのである。このあたりの東電と官邸の切羽つまったやりとりは『官邸の一〇〇時間』（木村英昭著）に詳しい。[*3]

菅直人首相は午前4時ごろ清水社長を呼び出して「撤退はあり得ない」とはっきりと言い渡したあと、午前5時半に東電に乗り込んで、福島原発事故統合対策本部をつくることを決めた。そこで200人もの東電職員に演説をした（以下、引用中の数字表記は、アラビア数字に改めた箇所がある。〔……〕は省略を示す）。

「これは2号機だけの話ではない。2号機を放棄すれば、1号機、3号機、4号機から6号機、さらには福島第二のサイト、これらはどうなってしまうのか。これらを放棄した場合、何カ月か後にはすべての原発、核廃棄物が崩壊して放射能を発することになる。チェルノブイリの二倍から三倍のものが10基、20基と合わさる。日本の国が成立しなくなる。
何としても、命懸けで、この状況を抑え込まない限りは、撤退して黙って見過ごすことはできない。[……] 皆さんは当事者です。命を懸けてください。[……] 会長、社長も覚悟を決めてくれ。60歳以上が現場へいけばいい。自分はその覚悟でやる。撤退はあり得ない。撤退したら、東電は必ずつぶれる[*4]」

菅首相の演説の最中、15日午前6時12分に4号機の原子炉建屋が爆発した。

当時は4号機の爆発ではなく、2号機が爆発したと思われていた。2号機格納容器の圧力抑制室付近で衝撃音を聞いたという情報も流れた。

実際、その後に原子炉格納容器の圧力は下がった。格納容器の爆発という最悪の事態は免れたが、大量の放射性物質が出たことは間違いない。周辺の放射線モニタリングポストの値が跳ね上がった。2号機の格納容器は、爆発的には壊れなかったものの、すき間から放射性のガスを「プシュー」と噴き出す形で壊れたと思われる。

「3月15日は運命の日だった。放射能を閉じ込める堤防はここで決壊した」。民間事故調と言われる福島原発事故独立検証委員会の北澤宏一委員長は報告書に書いている。

福島原発事故を振り返ってみて、私はこの14日夜から15日朝にかけての事態は極めて重要な意味をもつと思っている。原発が壊れそうになった場合にどうするか。原発を所有し運転する人たちの覚悟を問うものになったからだ。

2号機の格納容器が爆発すれば作業員さえ耐えられない放射能汚染が起きる。だから、東電は作業員を福島第二原発に撤退させようとしていたのだろう。

しかし、それでいいのだろうか。撤退は広大な国土の汚染を生む。残れば作業員の命に関わる。判断の難しい「究極の選択」だが、原子力という技術を使うのであれば、本来、こうした事態は想定しておかなければならない。原子力の本質だ。

このとき撤退しようとしたことは、「日本の原発では大事故は起きない」という考えが、安全基準の中だけでなく、原発をもつ会社の作業員の頭にまでしみ込んでいたことを示している。その意味で、菅首相が「撤退はあり得ない」と覚悟を示したことを評価したい。このとき撤退していれば東日本全体が汚染される事態になった可能性が高い。

＊

これは絵空事ではない。福島の事故直後、菅首相が近藤駿介原子力委員長に事故が拡大した場合の想定をつくるよう依頼した。「福島第一原子力発電所の不測事態シナリオの素描」は、内容のすさまじさから「最悪シナリオ」とよばれている。[*5]
このシナリオは「水素爆発で1号機の格納容器が壊れたとする」と仮定している。その場合、「周辺の放射線量が上昇して作業員全員が撤退する。炉心への注水・冷却ができなくなった2号機、3号機の原子炉だけでなく、1〜4号機および使用済み核燃料プールから放射性物質が放出される。強制移転区域は半径170キロ以上、希望移転区域は東京都を含む半径250キロ以上になる可能性がある……」とした。東京が高濃度に汚染されなかったのは本当に幸運だったのかもしれない。

「撤退問題」はきちんと検証すべき問題だ。今後、原発の運転では、命がけで事態を収拾しなければならないような大事故が発生した場合、だれが責任をもってその任にあたるのか、はっきりさせておく必要がある。そういうシステムをもった企業や、国家にしか「原発をもつ資格」はないということがわかった。

チェルノブイリ原発では4号炉が爆発し、原子炉周辺で火災が起きた。極めて高い放射線の下で、多くの消防士らが消火にあたり、3号炉への延焼を防いだ。その消防士と原発職員の28人が急性放射能障害で死亡した。そして、火災が収まったあとも、完全に露出した炉心に砂などを入れて蓋をするため、多くの作業員がかり出され、大量に被曝した。突貫作業の結果、原子炉からの放射能の大量放出は10日間でほぼ止まった。その作業がなければ、世界はもっと汚染されていた。

原子力は本質的に命に関わる作業の存在を否定できない技術だ。当時ソ連では職員が作業命令を拒否できる状態ではなかった。日本は今後どうするのか。

福島原発事故の原因を調査するために、これまでに主に四つの事故調査委員会が立ち上がり、報告書をまとめた。民間事故調査委員会（北澤宏一委員長）、東京電力事故調査委員会（山崎雅男委員長）、国会事故調査委員会（黒川清委員長）、そして政府事故調査委員会（畑村洋太郎委員長）だ。

国会事故調は「事故は人災」といい、政府事故調は「過酷事故への準備不足」を強調した。しかし、その分析、調査作業は中途半端だといわざるをえない。どのように事故が進んだのか、詳しい解析はいまだに進んでいない。原子炉の中で核燃料がどのように溶け、放射能がいつ、どのような状態で大気中に放出されたのか。現場にいた運転員の操作、事故収束にあたった作業員がどう判断し、実際に対処したのかも十分にはわかっていない。

新たに組織された原子力規制委員会は、こうした「事故の再現作業」を実施しなければならない。事故の詳細記録がなければ将来に教訓を残せない。

停電――分断された送電網

福島原発事故は送電システムの欠陥も明らかにした。原発事故直後、関東では何度も大規模な計画停電が実施された。「原発やほかの発電所が壊れたので停電は仕方がない」という見方は、事実の半分でしかない。西日本には電気が余っていたのに、東京電力、東北電力管内に送れなかったのである。背景には、送電網が分断され、電力の全国融通ができない構造的な問題があった。

＊

それは異様な光景だった。２０１１年3月13日午後8時。東日本大震災、原発事故が起きてから２日が経っていた。東京電力の清水正孝社長、藤本孝副社長ら、同社の幹部7～8人が一列に並んで立ちすくんでいた。

記者会見の時間になったが、資料の印刷が間に合わなかったため、会見を始められず、座るわけにもいかず、かなりの時間、所在なげに立っていたのである。

ざっと見渡して200人以上の記者がつめかけていた。原発事故以降、丸2日間、姿を見せなかった清水社長が初めて出てくること、そして翌日朝から始まる前代未聞の大規模停電についての発表が予定されていたからだ。

最初の停電は翌朝6時20分に予定されていた。たった半日後である。テレビなどはすぐにニュースを流さなければならない。「早く会見を」と、記者席は殺気立っていた。

清水社長は明らかに憔悴していた。遅れて始まった会見で「避難勧告が出ている地域や社会の皆様にご迷惑をかけ、心よりお詫び申し上げます」と謝罪し、あまりしゃべらずに退席した。記者席から「ちょっと待って」の声が一斉に上がった。

清水社長が退席したあと、停電の具体的な計画は藤本副社長が説明した。

停電は大規模なものだった。東電管内を大きく五カ所に分け、必要となれば3時間ずつの計画停電（輪番停電）にする。事故前、その時期の東電の電力供給力は5200万キロワットだったが、原発事故と震災で3100万キロワットまで落ちていた。

それにしても急な話だ。半日で周知し、準備する余裕はない。14日午前6時20分からの停電で最も心配されたのが、自宅で人工呼吸器などを使っている人たちである。知らないで停電を迎えれば大変なことになる。

枝野幸男官房長官は14日午前1時に東電の担当副社長を呼び出し、停電の開始をせめて14日午前10時ごろに遅らせて欲しいと求めた。福山哲郎官房副長官の著書『原発危機　官邸からの証言』によれば、枝野氏、福山氏らは、「地震が起きた2日前の3月11日から電力需給は落ち込んでいるはずだ。大口の顧客に協力してもらって、電力使用を節減するよう説得してもらえないか」と頼んだ。東電の答えは「大口の顧客はお客さまですから電力使用量を減らしてくれなどとは、我々からは言えません」というものだった。福山氏によると「その言葉に、枝野官房長官がついにキレた」。

枝野氏は「もしこれで本当に人が亡くなったら、東電は殺人罪だ。ひとりでも亡くなったら、私が未必の故意で告発するぞ」といったという。[*6]

それで14日早朝の停電はなくなった。その直後の午前3時ごろ、東電のテレビ会議システムに藤本副社長の会社への報告が記録されている。

藤本副社長「第1回目、6時20分の計画停電をやることは絶対に認めない、といわれた。官房長官、福山官房副長官、蓮舫需給対策大臣の3人から。人工呼吸器、人工心肺、これを家庭で使っている人をおまえは殺すことになるといわれた。おまえがそれを承知して計画停電をやるということは、殺人罪を問うと」

朝からの停電も予定地域もすでにメディアは伝えている。問題は「14日午前中はしない」ということをどう関東の人たちに伝えるか、である。テレビ会議記録にはこう残っている。

本社「すみません。広報面ではどういう風に」

藤本副社長「広報はやらない」
本社「えーと、何もしない？」
藤本「やらない。やると却って混乱するからやらない」
本社「需要が落ち込んだから結局やらずにすんだ、という形にするしかない」

停電を覚悟していた地域で停電が起きなかったことはよかったが、それを広く知らせる広報では、こんな適当なやりとりが交わされていた。

結局、東電は停電20分前の午前6時に「電力の需給に余裕があり、停電は実施しない」と発表したが、その1時間後、「需給が切迫すれば実施する可能性もある」と変え、9時20分ごろに「今日は実施しない」と、二転三転した。東北電力も16日から計画停電を始めると発表した。ただ東北電力管内では結局、実施せずに済んだ。

停電は突然にやってくる。計画停電という無計画停電だった。同時に、東電、東北電力管内では厳しい自主節電が展開された。新幹線を含む電車の間引き、商店の閉店、駅のエスカレーターの停止、学校の給食の中止、ビルのエレベーターの間引き、なぜか銀行の現金引き出し機の停止など生活の不便は大きかった。プロ野球の開幕さえ遅れた。電力需要のピークは午後だが、計画停電は午前6時すぎからもあり、「なんで需要の少ない時間帯も必要なんだ?」という不満が充満した。

工場をもつ会社も混乱した。「ピーク需要を何％減らせ、あるいは、何時から何時まで停電する、とはっきり決まっていれば、対応できる。あるかないかわからない停電ではどうしようもない」との批判が起きた。

東電は、大幅な供給力低下時のダメージ緩和策をもっていなかった。最も荒っぽい強制的輪番停電で対応したが、社会全体は鋭敏に反応した。予想外の量の節電が行われ、計画停電は少ない回数で済んだ。4月末まで続けられる予定だったが、4月8日、政府は「原則的に終える」と発表した。

この停電は「仕方がない」の言葉では片づけられない。狭い日本で西では電気が余っているのに、東では大規模な停電と節電を余儀なくされたのである。日本がお金と時間をかけて築いてきた「地域独占の日本型安定供給モデル」の敗北だった。

日本では沖縄を含めて電力10社が地域を区切って、地域独占で営業している。

北海道電力、東北電力、東京電力（以上が50ヘルツ地域）、中部電力、北陸電力、関西電力、中国電力、四国電力、九州電力、沖縄電力（60ヘルツ地域）。それぞれの会社は自社管内では送電線を網目（メッシュ）状に張り巡らせているが、隣の会社の送電網と結ぶ「連系線」は細い。

送電網の形を図に描くと、九つの団子（網目状の送電線）を細い串（連系線）で刺しているように見えるため「串だんご型」の送電網といわれる。

日本の電気事業規則の根本を定めた電気事業法によって、10電力会社は、自分の管内で停電しないように電気を供給する「供給責任」を課されている。だから地域に区切って、高品質、低停電率の安定供給を実現してきた。緊急時に融通も必要になるだろうから、会社間は1本か2本の連系線でつないでいる。ただ、ふだんは原則的に使わない。

この形の弱点が露呈した。西日本の人たちが「東日本のために」と節電したが、ほとんど送れないので節電は無駄だった。２０１２年の夏は逆に、関西電力管内で電力不足になったが、東からはあまり送れなかった。

貯めることができない電気は広域のネットワークで融通しながら使うことで効率よく使える。それを日本の送電線は、わざわざ「関所」をつくって通りにくくしている。各電力会社は、そうした「分断された送電網」の下で、「真夏（あるいは真冬）の最大需要日のピーク時」を考え、さらにその約１割増しの電力供給力（発電所）を準備して安定供給を確保してきた。

各社で「ピークの１割増し」の発電所をもつことは、停電に対しては十分な余裕と思えるが、無駄もあるし、強いようで弱い。つまり、日本全国で同じ日の同じ時間帯にピークが来るわけでもなく、無駄が多く、一年を通してみれば発電所の稼働率は低くなる。実際、諸外国と比べると、日本の発電所の平均稼働率（負荷率）は低い。各社がお互いに融通さえすれば発電所はもっと効率的に使える。

電気を送れない、送らない理由として、電力業界は「50ヘルツと60ヘルツの周波数の変換が難しいから」という理由をいつも持ち出す。50／60ヘルツ変換設備が小規模なのは事実だが、その部分だけが特別なのではなくどこの連系線も細いし、太くしてこなかった。そして、60ヘルツ地域内、50ヘルツ地域内でも日ごろから融通しているわけではない。

実は、日本では東日本大震災までの10年間で3回の電力危機を経験している。すべて東電管内である。

一度目は、２００３年夏。前年の8月に原発の検査データをごまかす「東電の原発トラブル隠し」というスキャンダルが発覚した。その余波で翌03年の4月に東電の原発17基のすべてが緊急の点検で停止した。東電は「夏の需要ピークは６４５０万キロワット、供給力は６０００万キロワット以下」だとして電力危機が叫ばれた。

このとき原発再開に同意せず、核燃サイクルへの疑問も表明した佐藤栄佐久・福島県知事と経産省との対立が先鋭化した。日経新聞が社説で「（首都圏の）電力供給を『人質』にとる形では誰も真剣に耳を傾けないだろう」[*7]と福島県を批判し、佐藤知事が激怒するということも起きた。そうした圧力に押される形で福島第一原発6号機が7月に動いたが、夏の東電管内の最大需要は５６５０万キロワットにとどまった。

二度目は２００7年の夏。7月にあった新潟県中越沖地震によって、東電の柏崎刈羽原発の7基がすべて停止した。このときも危機が叫ばれたが、特別な対策もなく乗り切った。最大需要は６０１３万キロワットだった。

そして三度目が、２０１１年3月の原発事故以降の供給力不足である。地震直後の大規模な計画停電に続き、11年夏の東電は「最大需要は６０００万キロワット」と供給不足を予想したため、大口需要家には15％削減する電力使用制限令が出されるなど大規模な節電が展開された。最大需要は４９９０万キロワットにとどまった。

電力使用制限令は電気事業法27条に基づく強制的な削減措置だ。東電、東北電力管内の大口需要家に対してピーク電力の15%削減を求めた。故意の違反には罰金が科される。制限令の発動は第1次石油危機の1974年以来、37年ぶりだった。

この三度の危機は「集中立地された原発の一斉停止」という原因も、「分断された送電網」のせいで十分な融通ができないという事情も同じだった。

送電線の問題は外国にも知られつつある。OECDは各国の政策審査を定期的に行っている。OECD・IEA（国際エネルギー機関）による「エネルギー政策対日審査2003」の勧告は、冒頭で「高い輸入依存度、送電線のボトルネック、ガス輸送路の幹線ネットワークの欠如がもたらす供給セキュリティーの問題に対し、石油備蓄以外にも、さまざまな政策手段を組み合わせて取り組むこと」と述べている。「送電線のボトルネック」は串だんご型送電線のこと。これが日本のエネルギー安全保障の大きな問題だという指摘である。

＊1　「原子力施設等の防災対策について」原子力安全委員会、2010年8月
＊2　『国会事故調報告書』東京電力福島原子力発電所事故調査委員会、徳間書店、2012年9月
＊3　『検証　福島原発事故　官邸の一〇〇時間』木村英昭、岩波書店、2012年8月
＊4　『東電福島原発事故　総理大臣として考えたこと』菅直人、幻冬舎新書、2012年10月

＊5　「福島第一原子力発電所の不測事態シナリオの素描」近藤駿介、2011年3月25日、『福島原発事故独立検証委員会　調査・検証報告書』所収、ディスカヴァー・トゥエンティワン、2012年3月
＊6　『原発危機　官邸からの証言』福山哲郎、ちくま新書、2012年8月
＊7　「（社説）最悪の電力危機を回避せよ」日本経済新聞、2003年6月5日

第2章　電力9社体制の確立

9社による地域独占体制のルーツをたどると、話は戦前にさかのぼる。日本は1911年の「旧電気事業法」の制定のとき、電力事業はすでに自由競争としてスタートしたように、諸外国にくらべ、早い時期から競争市場だった。しかし、戦後、今の地域独占体制ができたあと、60年間も体制が変わっていない。日本の電力制度の問題の歴史をたどって見えるのは、「地域独占」という制度自体の問題とともに、制度が60年間変わらないことによる弊害だ。

国家統制のトラウマ

日本ではなぜ、今のような地域で分割された地域独占の営業形態になっているのか。日本の電力史に詳しい橘川武郎《きつかわたけお》・一橋大学教授は、日本最初の電力会社である「東京電灯」の設立（1883年）以降の日本の電力事業の歴史を三つに区分している。[*1]

A　民有民営の多数の電力会社が主たる存在であり、それに、地方公共団体が所有・経営する公営電気事業が部分的に併存した時代（1883年2月～1939年3月）

B　民有国営の日本発送電と9配電会社が、それぞれ発送電事業と配電（小売り）事業を独占的に担当した電力国家管理の時代（1939年4月～1951年4月）

C　民有民営・発送配電一貫経営・地域独占の9電力会社が主たる存在で、それに、地方公共団体が所有、経営する公営電気事業や特殊法人である電源開発（株）、官民共同出資の日本原子力発電（株）などが部分的に併存する9電力体制の時代（1951年5月～）

今はCの時代である。Cの時代も以下のように分けている。

C―1　民営9電力会社による地域独占が確立しており市場競争は存在しないが、パフォーマンス競

争（経営手腕による業績競争、値上げをしない競争）が展開された時期（1951年5月～73年）

C―2　引き続き地域独占が確立しており市場競争が存在せず、パフォーマンス競争も後退した時期（1974年～94年）

C―3　1995年の電気事業法改正による電力自由化の開始により、電力の卸売部門と小売部門で市場競争が部分的に開始されるようになった時期（1995年～）。

一方、奥村裕一・東京大学特任教授によれば、この歴史を法律面から見れば、明治以来、日本では5回の制度変更があったと分析できる[*2]。

1回目は1911年の「旧電気事業法」の制定。電気保安規定などが決まったが、認可制の電気料金制度ではなく自由競争の制度となった。

2回目は1931年の旧電気事業法の改正。地域独占、総括原価による料金認可制の体制ができあがる。5大電力の競争をおさめ、業界のカルテル体質を支援する改正となった。

3回目は1938年。関連法である電力管理法の制定で翌1939年、「日本発送電」が創設された。国家管理体制が確立した。

4回目は1951年。「過度経済集中排除法」のもとで、電気事業再編成令が公布（50年）され、日本発送電と9配電会社が廃止され、9電力会社が誕生した。

5回目は1995年の電気事業法の改正以降続く自由化への模索時代。2011年の福島原発事故のあと、制度を大きく変える議論が開始された。

＊

これらの分析から戦前の日本の電力史を概観すると次のようになる。

戦前は、発電会社が入り乱れて電気を売る競争をしていた。大正時代にはすでに「5大電力」（東京電灯、東邦電力、大同電力、宇治川電気、日本電力）といわれる発電会社が、激しい顧客獲得競争を展開し、「電力戦」という言葉さえ生まれた。当時は発電会社と配電会社が分かれていた。

しかし、1931年以降、「地域割り」が固まり、地域独占的な営業となったが、戦時色が強まってきた1938年、電気事業者の大反対を押し切って、電気事業を国家が管理し統制する「電力管理法」が成立した。戦争中はさまざまな事業が国家の管理下に置かれ、国家総動員体制がつくられたが、電力の国家管理はその始まりだった。

民営事業として育ってきた電力を国家が管理する理由は、「電気事業は我が国産業界の全局面にわたり基礎的作用をなすと同時に国防上ならびに国民全般の福祉増進の上に最も重要なる地位を占めるにいたっている」（電力国策要旨）とされていた。当時、諸外国も電力の国家管理を強めており、日本だけの傾向ではなかった。

1939年には全国の発電と送電を行う民営企業「日本発送電」が創設された。事業計画、首脳人事、電気料金などが政府認可とされるなど、自由な企業活動はなくなった。

配電は従来から多数存在していた各地の配電会社が行っていた。その配電事業も1941年の配電統制令で9つの配電会社に統合された。全国を9つに地域割りし、1地域1配電会社が担当した。これは現在の9社の地域割りと同じものだ。こうして太平洋戦争が始まる前に日本の電力事業は「1社による発電・送電、9社による配電」という形での国家管理体制が完成した。

「電力王」松永安左エ門

日本発送電は、「官庁の手堅さと民間事業者の発らつたる企業意欲との合作」が期待されたが、出てきたのは、まるでその反対の会社になった。

発足して2年後の1941年2月には、監督官庁である電気庁の長官が衆議院でこう嘆いた。「人の採用面で必要以上に多く、現在の人員も部門によっては必要以上に多く使っている。購買については内部手続きが複雑で、代金支払いに相当の日時を要するので、商人は遅払いを見越して高く売りつけている節もみられる。石炭についても、もっと経済的な貯蔵方法がとりうるのではないか」[*3]

現在でも電力会社の人と話をすれば、この戦前、戦中、戦後にかけての「日本発送電と9つの配電会社」による独占、国家による統制時代を激しく非難する。戦争中という特殊な時期であるにしても、企業の自由な力を発揮できなかった制度であり、電力関係者の間では「二度と経験したくない時代」として共有されている。

こうした電力の国家統制の歴史を語るときに、かならず出てくる名前が松永安左エ門氏だ。1875年(明治8年)長崎県壱岐《いき》の出身。昭和の初めに東邦電力の社長などを務めるなど、電力業界の傑出したリーダーであり、波瀾万丈の人生を送った人物だ。「電力王」あるいは「電力の鬼」と呼ばれている。松永は電力の国家統制に抵抗したことで知られている。国家統制論が高まっていた1928年、「電力統制私見」を発表した。

「ただ速やかに昔に戻り、一地域一会社主義、すなわち地域小売業者と発電会社とを垂直式に合併統一し、一面水平式には他の隣接小売会社との間にプールを設定し、各遠隔地域間は発送電の連絡を結び、かくして極度まで電力原価を切り下げ、その利益により、施設の改善をこれ図り、もって需要家たる小売業者に低廉にして確実なる電気を供給し、完全なる奉仕によりその発達の道を講ずべきである[*4]」

難しい言い回しだが、松永はここで地域独占、民間企業での電力事業がいいと主張している。その地域割りは、当時主流だった9つの配電会社の地域割りをそのまま使えばいいとした。役人は「国家統制、国家総動員」という形にとらわれているのであって、電気事業の発展という「実」をとるのであれば、統制は害があるので、地域を分割した独占が有効だとの主張だ。

興味深いのは、「発電と送電の人が緊密に連絡しあうことで効率がよくなる」といっていることだ。これは21世紀の現在でも電力業界の人たちが主張する内容だ。影響の大きさがわかる。

日本発送電ができる直前の1937年1月、松永は、長崎市長と商工会議所会頭の共催における座談会の席上、中小企業経営者の前で、「産業の振興はみなさんの発奮と努力が第一です。官庁の力に頼るなどは、もってのほかです。官吏は人間の屑だ。官庁に頼る考えを改めないかぎり、日本の発展は望めない」と述べた。その場にいた県の官僚から抗議され、松永は全国紙に「官吏に対し非礼の言を使用したるはなはだ申し訳なく……」といった謝罪広告を出すという事件もあった。[*5] その官僚はピストルをもっていたという話もある。数ある松永の武勇伝の一つだ。

結局、松永は国家統制の流れに屈したが、戦後に復活した。

戦後、電力事業を発展させるための制度見直し論議が始まった。当時の電力業界は、発電と送電を日本発送電1社が担い、配電は日本を九つに分割した9社の配電会社が担当していた。

戦後の再編成の議論では、日本発送電に配電会社も統合して日本で1社の大電力会社をつくる「全国一つの民間会社案」、それを国鉄のように「国有化する案」、地方公共団体が運営する「公営案」、あるいは「いくつかの地区に分割し、それぞれの社は発送配電を一体で担当する案」などさまざまな意見が出た。当時、大きな発言権と決定権をもっていた連合国軍総司令部（GHQ）は、財閥を解体する「集中排除」の方針から「地域で分割」案を支持した。

松永安左エ門は、1949年に設置された電気事業再編成審議会の委員長に就任した。しかし、その中の議論で負けた。審議会の意見としては、三鬼隆・日本製鉄社長が主張する「融通会社案」が5委員のうち4人の賛成を集めて審議会の主流意見となった。これは全国を9ブロックに分割すると同時に、日本発送電が保有する発電施設の42％を保有する会社を設立し、電力の全国融通に主に使う、というものだった。

一方の松永案は、融通会社のようなものをつくらない9分割案だ。「つくれば第二の日本発送電になる」と主張した。この案を支持したのは5委員のうち松永本人だけだった。審議会の答申は三鬼案で書かれ、松永案は参考意見とされていた。

社会でも議論は割れていた。大谷健著『興亡　電力をめぐる政治と経済』によると次のようになる。

朝日新聞の社説（1950年1月28日）は「日本発送電の運営にいかに欠陥があろうとも、全国を9ブロック別に分断するという構想はいかに根本において誤っているかは改めて論ずるまでもなかろう。どうしても諸般の情勢上（つまりGHQの圧力）分割するというなら、せめて次善の策を貫くことを望む」と書いた。

9社分割案への反対は、電気が全国融通しにくくなるのではないかというものだった。次善の策が日本発送電の能力の42％の能力をもつ卸売専門の融通会社の設立だった。

一方、毎日新聞（1月23日）も9社分割に反対だった。「われわれは電気事業が公共事業であるという特殊的性格を重視するのであり、したがって現在どれほど自由経済や自由競争の長所や妙味が強く叫ばれようとも、そういう原則をそのまま電気事業にあてはめていいとは考えない」

日経新聞（1月31日）は9社分割案を支持した。「たとえ地域間の融通がいくぶん不円滑になったとしても、それを地域ごとの会社が、自分の責任と努力で解決するところに電気事業発展の基礎がある」[*6]

市民生活に欠かせないライフラインに責任をもつのは公の機関か、あるいは民間でいいのか。そして地域独占は電力融通の点で問題はないのか。当時から論点になっていたのである。

しかし、その後、大転換があった。通産省は、審議会答申の本論を押しのけて、参考意見だった松永案を採用して、法律案をつくったのである。なぜ、松永案が勝ったのかは明確ではないが、池田勇人通産相が推したという話などが残っている。「9回裏逆転満塁本塁打」[*7]だった。しかし、国会でも反対され、いったん廃案になった。それでもGHQの支援などによって再浮上し、松永案が通った。

こうして1951年、地域を9分割し（後に沖縄返還で沖縄電力が加わって10社体制になった）、発電・送電・配電を一体化した民間会社による現在の電力事業の体制が発足した。

松永にとっては、1928年に「電力統制私見」で主張していたアイデアをやっと実現したことになる。松永が今の9（10）社地域独占体制をつくったといっても過言ではない。

国家による管理を嫌い、企業の創意工夫こそが発展の力だと言い続けた松永の名前や言葉は、今でも電力制度の改革論議のたびに出てくる。「松永は完全に放任的な競争は問題があるといっている」とか、「自由化を嫌がる今の電力業界を見れば、松永さんも嘆くだろう」「松永のような業界人が出てこなければ電力制度改革もできない」などなど、今でも一言一句までが影響を与える「電力業界の超カリスマ」である。

当時、松永の下で中心になって働いたのが、関東配電の木川田一隆、関西配電の芦原義重、中部配電の横山道夫の各氏だった。後にそれぞれ東京電力、関西電力、中部電力の社長になった。

電力事業を完全に国家が管理する日本発送電の時代は、日本の電力業界にとって非常に強いトラウマになっており、「管理を嫌う」ことは業界のDNAになっている。電力制度の改革議論が出るたびに、「自由な企業活動を制限することには反対」という姿勢を打ち出す。

一方、世界の戦後の電力制度をみると、各国はばらばらだった。米国ではこのころ、おおむね各地域で発送電一貫の電力会社が営業していた。日本の9電力体制とほぼ同様の制度である。ただ、全土をきれいに地域分割していたわけではない。一方、欧州や途上国では、基礎的な社会インフラなので、国営・公社方式になっていた。小さな国では「すべて国営」が一般的な電力供給のシステムだった。ただ当時の西ドイツは日本と同様の「地域独占、発送電一貫」であり、欧州では例外的な存在だった。

日本の地域独占の制度は、当時としては珍しいものではないが、すでに十分に知った国家管理の短所を避けるためにこの制度を選んだという点では、世界の中でも「一歩進んだ形」で戦後をスタートした。

高度成長を支える

日本の戦後復興は速かった。工業生産力は戦前の1割に落ち込んだが、10年足らずで戦前の水準を回復した。経済白書が「もはや戦後ではない」と書いたのは1956年のことだ。

1960～65年の実質年平均成長率は10・1％、65～70年は11・5％だった。全国の総使用電力量は、61～73年度においておおむね10％以上の伸びを示した。急激な経済成長によるひずみも大きく、環境関連の法案14本が一気に制定・強化されたいわゆる「公害国会」が開かれたのは、70年末のことである。何もかもが急成長した時期だった。

9電力会社は発電能力を懸命に上げた。それまでは水力発電が主体で石炭火力が補助的な「水主火従」だったが、次第に石油火力が増えて「火主水従」になっていった。火力は石炭が主体の炭主油従から石油主体になった。1951年と70年を比べると、水力による発電量は1・7倍になったが、火力による発電量は27倍になった。

9電力会社はそれぞれの地域で経済成長に必要な「安くて質のいい電気」を供給した。電力が地域に責任をもって需要の急成長を満たすという役割を果たした時代といえる。

1951年に始まった9電力による地域独占は、ポツダム政令といわれる占領期特有の命令的法律である電気事業再編成令と公益事業令によってつくられた。したがって、サンフランシスコ講和条約の発効とともに失効し、新しい法律が必要になった。その改定論議では、「もっと電力を広域融通すべきである」との意見も強かったが、電力業界は9電力体制の維持を主張し、64年に交布された新電気事業法でも9分割方式が認められ、定着した。

東電の社史ともいえる『関東の電気事業と東京電力』では、この時期について次のように総括している。「ここで注目する必要があるのは、新電気事業法を準備した電気事業審議会の答申が、民営9電力体制のメリットとして、『企業相互間の競争の刺激』をあげていることである。この指摘にあるとおり、高度経済成長期の日本の電気事業では、9電力体制のもとで市場独占と企業間競争とが併存するという特徴的な状況がみられた」[*8]。地域独占でも競争は起きるということを強調している。

9電力会社は市場を奪い合う競争をしないが、各社は他社と比較されるなどで消費者の目にさらされるので、設備投資や経営改善を不断に行い、「電気料金を上げない競争」を中心に自発的に競争していたということだ。

松永安左エ門は「地域独占でも9社が電気料金を下げる競争をすればいい」という考えをもっていた

が、それが実現していた時期といえる。電気料金の値上げの時期もばらばらだった。

石油危機以降の変質

石油危機のきっかけとなった第4次中東戦争は1973年10月に起きた。石油危機の影響がまだ大きくない73年の日本の発電割合を見ると、石油火力が71・4%もあった。この「石油への過度の依存」を起点として、電力業界に限らず日本社会全体が苦しい脱石油との闘いを始めることになった。

ちなみに73年の発電割合は石油のほか、石炭火力4・7%、液化天然ガス（LNG）火力2・4%、水力（揚水含む）17・2%、原子力2・6%、再生可能エネルギーなどが1・8%だった。

そして、2006年の発電割合は、石油火力は7・9%しかなく、脱石油に成功している。石油以外では、原子力が最大で30・6%となった。そして石炭火力が25・7%、LNG火力26・0%、水力（同）9・2%、再生可能エネルギーなどが1・6%である（**図1**）。

つまり、石油危機のあと日本の電力業界は、石油一辺倒から、「脱石油、原子力依存」の発電構成に体質改善することに成功した。業界が「バランスのとれたベストミックス」と自慢するものだ。しかし、ベストミックスというのは原発とLNG、石炭を大きく増やしたもので、再生可能エネルギーは相変わらず極めて少ない。この「原子力への大きな依存状態」で3・11が起きた。

話を石油危機に戻す。日本はどうやって脱石油をめざしたか。石油の値段は73年9月からわずか4カ月後に4倍に上昇した（1バレルで3ドルから12ドル）。そして、79〜80年の第2次石油危機では、1バ

図1　発電割合の変化（沖縄電力以外）

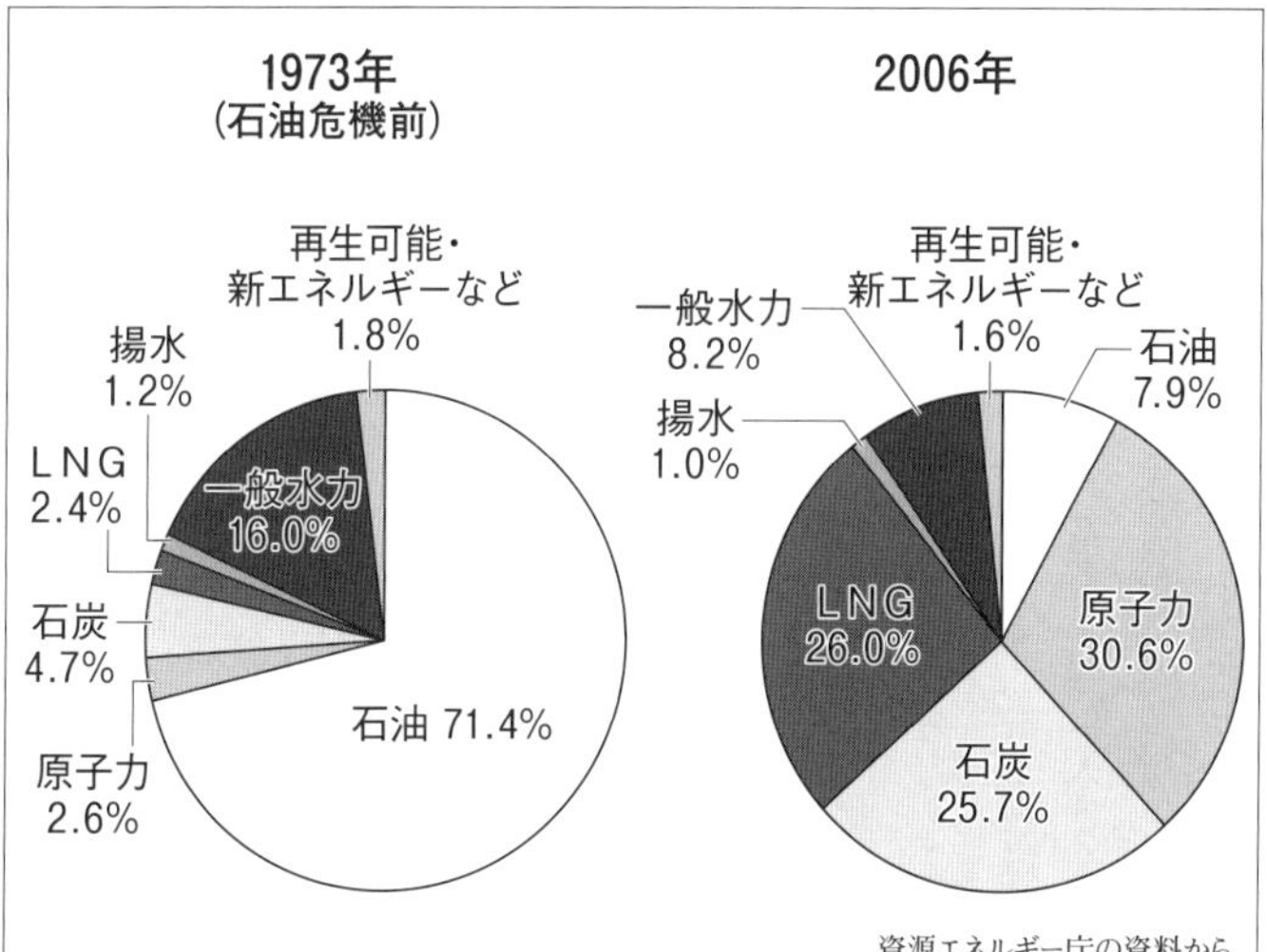

資源エネルギー庁の資料から

レル30ドルほどに上がった。

第1次石油危機のころ、日本では「日本列島改造論」がもてはやされるなど物価上昇が続いており、そこに石油価格の上昇がダブルパンチとなって、74年には「狂乱物価」とよばれるほどの物価高騰が起きた。

日本政府は厳しい総需要抑制策をとり、公共事業費を抑制した。またOECDは79年、「ベースロード（基本電源としていつも使うもの）としての石油火力発電所はつくらない」「既存の石油火力もあまり使わない」という方針を出した。これを受け、日本では石油火力発電所は建設できなくなった。

石油の高騰は、石油火力に頼る日本の電力業界の発電コストを押し上げた。石油危機以前は、9社がそれぞれ独自の判断で経営し、値上げ申請をしていたが、ここで電力業界は集団で行動するようになる。コストアップの原因と内容が同じだから、という理由だった。

9電力会社は、74年6月、76年6～8月、80年2～4月と三度にわたって電気料金をいっせいに値上げした。平均値上げ率は、74年が56・8％、76年が23・1％、80年が50・2％と大幅だった。その結果、73～85年の12年間で、日本の電気料金は3・5倍になった。[*9] 他の公共料金も上昇した時代ではあったが、この時代で「安い電気料金の時代が終わった」といわれる。

また、このころ、電力業界が悩んだのは、火力発電所の立地だ。公害の不安からなかなか立地が進まなかった。これを打開するための電源3法が74年6月に成立した。「電源開発促進税法」「電源開発促進対策特別会計法」「発電用施設周辺地域整備法」だ。電力会社から販売電力量に応じて電源開発促進税を徴収し、これを財源とした特別会計をつくって地元に配布するものだ。

この交付金はやがて原発立地の原動力になった。100万キロワットの原発の場合、1基で運転開始までの10年間、地元には449億円が落ちる。運転後も出る。

福井県電源地域振興課によれば、交付金制度発足後から09年度までの35年間に、立地先の隣接自治体なども含め県内に計3245億円がもたらされている。うち敦賀市は426億円、美浜町は184億円、おおい町は360億円（町村合併した旧村分も含む）、高浜町は259億円にも及ぶ。[*10]

第1次石油危機のあと、電力業界は大きく変わったと見ることができる。すべての電力会社が「同じ顔」になり、行動様式が護送船団的になった。

橘川武郎氏は「料金のいっせい値上げを繰り返すうちに、深刻化する立地問題の解決を電源3法スキームに委ねるうちに、あるいは、反原発運動に対抗して一枚岩的行動様式を強めるうちに、電力会社間のパフォーマンス競争は弱まり、電力業界と行政とのあいだの距離はせばまった。電力会社は「……」私企業性を後退させて、『役所のような存在』になっていった」と批判的に総括している。[*11]

かつて各社は自発的に競争していたのだが、石油危機で燃料の高騰に直面すると、自発的な競争は失せ、「そろっての料金値上げ」という集団行動になってしまったのである。「原発をもって一人前」という考えも強く、すべての電力会社が原発の保有をめざし、制度では「地域独占」という安泰な形を守ろうとする意思が強く働く時代になっていく。

＊1　『電力改革　エネルギー政策の歴史的大転換』橘川武郎、講談社現代新書、2012年2月

＊2　「地域独占の見直しが急務、電力市場制度改革の視点・下」奥村裕一、日本経済新聞、2011年12月21日

＊3　『興亡　電力をめぐる政治と経済』大谷健、産業能率短期大学出版部、1978年4月

＊4　「電力業再編成の課題と『電力戦』　1920年代の松永安左エ門と東邦電力」渡哲郎、「経済論叢128（1・2）」、京都大学経済学会、1981年7・8月

＊5　『爽やかなる熱情　電力王・松永安左エ門の生涯』水木楊、日本経済新聞社、2000年12月

＊6　前掲『興亡』

＊7　前掲『爽やかなる熱情』
＊8　『関東の電気事業と東京電力　電気事業の創始から東京電力50年への軌跡』東京電力、２００2年3月
＊9　『日本電力業発展のダイナミズム』橘川武郎、名古屋大学出版会、２００4年10月
＊10　「原発はやめられない　交付金漬けの若狭地方を歩く」ＡＥＲＡ、朝日新聞出版、２０１１年5月23日
＊11　「電力自由化とエネルギー・セキュリティ　歴史的経緯を踏まえた日本電力業の将来像の展望」橘川武郎、社会科学研究58（2）、東京大学社会科学研究所、２００7年2月

第3章 特殊な日本の原子力推進体制

日本は被爆国だったが、「原子力の平和利用は善」として、積極的な原発利用に突き進み、原発を増やすだけでなく、国産技術による高速増殖炉（ＦＢＲ）開発をめざした。しかし、「国をあげて原発推進」に取り組む中で、推進派だけで議論を進め、反対派を排除するという極端な仕組みをつくり、柔軟に政策を議論する社会的ダイナミズムを消してしまった。日本の原子力の歴史を見れば、原子力先進国に早く追いつこうとした焦りと、「政策を一度決めたら変えられない」という公共事業と同じ日本的な構図が見える。

被爆国が平和利用へ

戦後50年を前にした1994年、私は、米国が日本に投下した原爆を開発した「マンハッタン計画」で原爆製造にたずさわった研究者を訪ね歩いた。物理学者フィリップ・モリソン博士（当時78歳）は、ミクロネシアのテニアン島で、45年8月、長崎に投下される原爆「ファットマン」を組み立てた3人のうちの1人である。彼は終戦直後の45年9月、原爆の破壊力を調べる一員として広島に入り、すさまじい破壊に衝撃を受けた。

しかし、彼が「最も衝撃を受けた」と語ったのは、理化学研究所（東京都文京区）の訪問だった。理化学研究所は当時、日本の原子核研究の中心で、「日本が原爆研究をしているとしたら、理化学研究所でやっている」と米国が見ていた研究所だった。実際、日本にも原爆開発を模索した「ニ号研究」があったが原爆に近づくようなレベルではなく、早々とあきらめていた。

モリソン博士は理化学研究所で科学者と話した。「その科学者の小さな研究室にはベッドと少々の器具しかなく、研究所の庭ではサツマイモをつくっていた。我々の競争相手は食糧も自分たちでつくっていたのだ。我々の研究環境といかに違っていたことか。こういう国に原爆を投下したのか。何という恐ろしいことをしてしまったのかと感じた」と話した。モリソン博士は戦後、核兵器反対の運動を続けた。

日本人と核との出会いはまさに悲劇から始まった。しかし、戦後の歴史を振り返ってみると日本は相当に速いテンポで原発導入に向かっている。「被爆国として悩む」議論もあったが、「被爆国だからこそ平和利用に徹する意味がある」という逆説的な積極性さえ見られる。世界の主要国が軒並み原子力に傾斜する中で、「先進国に追いつけ」という雰囲気が強かった。

世界の原発利用の背中を押したのは、アイゼンハワー米大統領が53年12月に行った国連演説「アトムズ・フォー・ピース」（平和利用のための国際管理機関と核分裂性物質の国際プール案）である。

日本はこれに素早く対応した。54年には、初の原子力予算の成立、日本学術会議が常設の原子力問題委員会を発足させ、内閣に原子力利用準備調査会が設置された。55年には日米原子力協定が調印され、原子力3法が成立した。原子力3法は「原子力開発では自主、民主、公開の3原則を守る」とした原子力基本法、日本の原子力政策をつくる最高機関「原子力委員会」の設置法、総理府内に原子力局を設置する法改正だった。56年には日本原子力研究所（原研、後に核燃料サイクル機構と統合し日本原子力研究開発機構になる）、原子燃料公社（後の動燃）もできた。さらに主要会社を網羅した原子力産業会議（後の原子力産業協会）も設立された。

こうして、アイゼンハワー演説から3年ほどで、日本は、原子力開発のための行政、研究体制、産業界の基本的な体制をつくってしまったのだ。

そのころの世界の原子力の軍事利用、民生利用の状況はどんなものだったか。核兵器開発では、米国に続いてソ連（49年）、英国（52年）が原爆実験に成功し、フランス（60年）、中国（64年）が続こうとしていた。より大きな破壊力をもつ水爆も、米国（52年）、ソ連（53年）で開発され、際限のない核開発競争と、大量の核をもって二つの世界が対峙する冷戦時代に突入しようとしていた。

一方、英国と米国で原発の開発が始まっていた。西側初の原発は英国のコールダーホール炉（ガス炉）で、56年10月に運転を始めた。60年代に入ると米国の軽水炉原発メーカーの世界への売り込みが始まる。「将来の巨大エネルギー」に向かって時代は大きく動き始めた。

日本でも、55年の新聞週間の標語が「新聞は世界平和の原子力」というものだった。朝日新聞の1955年8月23日の社説は次のように書いている。「日本では、これから15年ないし20年の間に人口は1億に達し、エネルギー需要はますます増大の一途をたどるのに、石炭も水力もともに開発の限界に達するに違いない。放っておけば富める国はますます富み、貧乏国日本はいよいよ貧しくなるばかりだ。それを打開するための最大の希望は日本も急速に原子力の開発を進めることであり、それが次代に負うわれわれの使命であろう」

1955年に発行された教科書「中学生の社会」には次のような記述があった。「原子力の平和的利用から、わたしたち人類にひらかれてくる未来のすばらしさは、とうてい現在では予想もつかないほどである。歴史は原子力以前の時代と、原子力時代との二つにわかれ、原子力以前の時代は、すべて、広い意味で人類の未開の時代にいれられることになるであろう」[*1]。当時はそれほど原子力のイメージがよかった。

急いだ原発導入

原子力開発は多額の資金と何十年という時間が要るので国家プロジェクトでしかできない。しかし、日本では使うのは民間の電力会社だ。日本での開発体制は「国策民営」とよばれるものになった。国が制度面で支援し、開発した技術を民間の電力会社に渡すというものだ。

とはいえ、米国や英国ははるか前を走っていた。そこで、「普通の原発（軽水炉）は丸ごと輸入」し、次世代の原発である「高速増殖炉」（ＦＢＲ）を国産開発するという絵を描いた。

ＦＢＲは「核燃料サイクル」のかなめの施設である。原発で使った使用済み燃料を酸で溶かして中にあるプルトニウムを抽出することを再処理といい、それを行う工場を再処理工場（青森県六ケ所村）という。抽出されたプルトニウムとウランを使ってＭＯＸ燃料（混合酸化物燃料）をつくる。それをＦＢＲで使えば、使用済み燃料中には元の燃料以上のプルトニウムができる。それを再度、ＦＢＲで使えば永久に燃料がなくならない――。これが核燃料サイクルの理想図であり、燃料を増やすＦＢＲは「夢の原子炉」とよばれた。日本はこの核燃料サイクルの施設をすべて国内でそろえる路線を掲げ、主要な技術を開発しようとしたのである。

話を原発の導入に戻す。まず外国炉を受け入れる組織を国にするのか民間にするのかで対立が起きた。52年に設立された会社「電源開発」（Ｊパワー）は9社とは別に、難しいダム開発など独自の電源を開発するためにつくられた政府の代行機関で、発電した電気はすべて9社へ卸す会社だった。その電源開発は「新しい技術である原子力は電源開発に導入すべきだ」と主張し、民間9社は「民間主導での導入」を主張して対立した。

電源開発の内海《うつみ》清温《きよはる》総裁は、57年7月、原子力委員会に次のような申し入れをした。

「発電原子炉の輸入は、わが国の原子力産業を自主的に育成して行くためのものである。［……］その受入主体として、民間の電力会社では何としても無理がある。［……］政府の代行機関としての電源開発会社をそのまま利用することが最適と考える。電力会社は原子力発電が確実に商業ベースに乗るようになってから担当しても決して遅くはない[*2]」

正力松太郎・原子力委員長は民間主導に傾き、河野一郎・経済企画庁長官は国主導派だった。「正力・河野論争」は政治的対立に広がり、結局、妥協案として、原発を導入するために「もう一つ別の組織」をつくることにしたのである。これが、電力9社が80％、電源開発が20％を出資して57年に設立された「日本原子力発電」である。日本原電は日本最初の原発である東海1号機（コールダーホール炉、すでに廃炉）の導入主体となり、現在も東海第2、敦賀第1、第2号と原発だけを所有する会社だ。

当時、電力需要の逼迫はなく、原発導入を急ぐ必要はなかったが、中曽根康弘、正力松太郎ら積極姿勢の政治家に引っ張られての導入だった。

東電・木川田、関電・芦原両氏が中心になって動き、民間も導入を急ぐことになった。9社としても急ぐ必要はなかったが、当時を知る東電OBは「電源開発には渡せない事情があった」と話した。もし、電源開発が全国に原発をつくり、日本縦断の送電線をつくって大量の電気を全国に流せば、9電力会社はそこから電気を買って配電する会社になりかねない。電源開発の後ろには国（当時の通産省）がいる。

地域独占、発送電一貫体制が崩れ、「日本発送電と9配電会社」というトラウマの図式につながるというのである。電源開発主導を阻止したかったので、民間による原発導入を急いだという。それほど「日本発送電時代」が嫌だった、ということだ。

ただ、当時、日本には電力会社にも重電メーカーにも原発を開発する力などはないので、先進国から導入するしかない。最初は英国から入れた東海1号機。東電は、3・11で事故を起こした福島第一原発1号機を、米国メーカー（ゼネラル・エレクトリック社＝GE）から「ターンキー契約」で導入した。これは「キーを回すだけで運転できる」という意味で、メーカーが建設から試運転までを保証する丸ごとの契約である。今は主に途上国の輸入方式として採用される契約方式だ。確実な運転開始が保証される半面、丸ごと輸入のため、日本の条件に沿う形に設計変更できない問題があった。

こうしたいきさつもあって、電源開発は比較的大きな会社であるものの、原発をもつ機会がないまま年月が過ぎた。その後、82年に、普通の原発と高速増殖炉の中間に位置する新型転換炉（ATR）の実証炉の建設主体になったが、時代の流れの中で新型転換炉そのものが不要になり、95年、計画が消えた。ATRは日本が開発した炉型で、初期的な原型炉として「ふげん」（すでに廃炉）をつくったが、その次の段階である実証炉はもうやめようとなったのである。

その代わりとして同じ青森県・大間にMOX燃料だけで運転する大間原発の建設を決定した。ここでも地元の反対運動で建設が遅れに遅れ、工事途中で3・11が発生した。

「原発をもって一人前」という日本の電力業界の風潮の中で、電源開発は社内に原子力部を抱え続け、

「原発建設は悲願だ」と言い続けてきた。大間原発の工事は続いているが、原発への信頼が落ち、コストが上がる中で、逆に「もし原発を完全にもたない会社だったら電源開発の会社の価値はもっと高いのに」という声もある。電源開発は原発の歴史に翻弄されている。

一方の日本原電は2012年12月、敦賀原発の敷地内に活断層があることがわかり、原発2基の廃炉問題に直面している。

変えられない計画・原子力長計

原子力を利用するには、数十年単位で一貫した計画が必要になる。その開発と利用のスケジュールを、1955年に設立された原子力委員会が定期的につくることにした。いわゆる原子力長計（原子力の研究、開発及び利用に関する長期計画）である。

第一次長計（56年）では、大まかな原子力開発の方向性を示した。このとき、すでに使用済み燃料からプルトニウムを再処理で取り出す核燃料サイクルをめざすこと、その中核施設であるFBRを国産技術で開発することをうたっている。日本は原子力技術後進国だが、時間をかければ技術も進歩し、20世紀終わりには国内にFBRが林立する状況をつくってエネルギー問題を解決する。これが日本が描いた未来図だった。日本だけがそう思っていたわけではなく、当時としては原子力を利用するとした国の一般的なシナリオだった。

ウランを燃やすだけならば、原子力利用の意味がないと思われていた。朝日新聞の過去の社説もかつてはそう主張していた。「プルトニウムの利用技術開発を促進することが、平和利用推進の重要な命題のひとつである」（76年10月11日）、「増殖炉技術が完成してはじめて原子力利用の全体系が完璧なものになるといえる」（77年4月25日）。まだ核燃料サイクルが輝いていたころだ。

この計画をよりはっきり数字で表したのが第3回の「67長計」（67年）だった。このとき日本には原発が東海1号機（16万キロワット）しかなかったが、「原発は85年に３０００万～４０００万キロワットの規模にする」「ＦＢＲは70年ごろまでに実験炉、70年代に原型炉をつくり、90年ごろまでに実用化する」という数字で夢のシナリオを描いた（**表1**）。

長計はほぼ5年ごとに改定された。軽水炉（ＬＷＲ＝普通の原発）は２０００年ごろまで一気に増やし、ＦＢＲも早期に実用化しようとしていた。82年長計では、当時、原発の発電容量はまだ１７１７万キロワットしかなかったが、「90年に４６００万キロワット、２０００年に９０００万キロワット」をめざすとした。２０００年までの18年間で７３００万キロワット、つまり１００万キロワット級を73基つくるという計画だ。３・11前の原発の総発電容量が４８００万キロワットだったことを考えれば、驚くべき積極的な計画だった。ＦＢＲは90年ごろにＦＢＲ原型炉「もんじゅ」を運転開始し、実証炉建設を経て、２０１０年には実用炉を稼働させる計画だった。

この当時、日本の計画だけが過大だったわけではなく、放射性廃棄物の処分という未解決の問題はあるものの「21世紀のエネルギー問題は原子力が解決してくれる」が世界の常識だった。72年にはローマクラブ（民間のシンクタンク）が21世紀を悲観的に展望する『成長の限界』を発表したが、原子力は急

表1　原子力開発利用長期計画、原子力政策大綱の歴史（原子力委員会の資料や「核情報」から）

長計の策定年	原発（軽水炉）の導入実績	軽水炉の導入計画	核燃料サイクル FBRの計画
1956	なし	相当規模の動力炉数基を速やかに海外に発注	国産増殖炉を目標。実験炉1基を建設
1961	なし	60年代に2号機＋3基程度を建設	核燃料サイクルの確立。実験炉の建設。原研での研究開発
1967	16万kW	75年に600万kW／85年に3000万～4000万kW	将来の原子炉の主流にする。国家プロジェクトとする。70年ごろまでに実験炉、70年代後半に原型炉、90年ごろまでに実用化。民間による実用化を期待
1972	182万kW	80年に3200万kW／85年に6000万kW／90年に1億kW	実験炉を74年に臨界、原型炉を78年ごろに臨界、実用化は85～95年
1978	1150万kW	85年に3200万kW／90年に6000万kW	FBRは95～2005年に本格実用化。原型炉を90年ごろまでに臨界、実証炉を90年代前半に臨界
1982	1717万kW	90年に4600万kW／2000年に9000万kW	90年ごろに「もんじゅ」臨界、90年代はじめに実証炉着工、実証炉は民間で。2010年ごろにFBR実用化
1987	2788万kW	2000年に5300万kW	FBRは将来の主流。実用化時期の見通しは困難。2020～30年に技術体系の確立。もんじゅ臨界は92年、90年代後半に実証炉着工
1994	4036万kW	2000年に4560万kW／2010年に7050万kW／2030年に1億kW	FBRは相当期間にわたって軽水炉と併用する。もんじゅは95年末に本格運転。実用化は2030年ごろ
2000	4492万kW	引き続き基幹電源に位置づけ最大利用	FBRは将来のエネルギーの有力な選択肢。実用化はその時期を含め、柔軟かつ着実に検討
2005（大綱）	4700万kW	原子力は基幹電源。2030年以降も総発電量の30～40％かそれ以上を担う	FBRは2050年ごろからの実用化をめざす
2011（大綱改正の予定だった）	4884万kW	大綱改正議論を福島事故で中止	

増を見込み、「2000年時点の米国の原発は9億キロワット以上になる」と見ていた。[*3] その主流を担うのはFBRと予測されていた。

日本の原発は、計画ほどには増えなかったが、順調に増えていた。70年代に20基、80年代に16基、90年代に15基が運転を開始した。導入量を描けばほぼ直線で伸びている。原子力メーカーは適切な産業規模を維持するためには、「毎年PWR（加圧水型軽水炉）とBWR（沸騰水型軽水炉）を1基ずつ建設するのが望ましい」という希望をもっていた。それをほぼクリアしていた。

長計は原子力開発のスケジュール表の役割を果たした。長計の改定は原子力にかかわる重要な人物のほとんどが何らかの委員になり、いくつもの部会に分かれ、1年以上もかけて議論する大イベントだった。そして「原発の建設スケジュール」も決めてしまう。そこに書かれれば国の計画として確認されたことを意味する。研究予算も間違いなく出るし、国と電力会社の組織がいっせいに動き出すことになる。原子力関係者にとっては大変に便利な計画だった。

しかし、長計は、有識者グループである原子力委員会がつくるというより、「原子力関係者が集合して原子力の発展を考える計画」でしかない。原子力に反対する人の意見は反映されなかった。このため、ほかのエネルギーとの相対化も不十分で、計画が滞っても、それが原子力の本質的な問題であるかどうかは検証せず、「もっと積極的に進めるべきだ」というお手盛りの方向でまとまる傾向があった。研究者は、研究費確保のため自分の仕事を無理やり計画に入れる傾向もあった。

もう一つの特徴は、大がかりな改定作業を実施する割には、あるいは大がかりであるがゆえに、過去の路線を否定できず、内容的にはつねに過去の踏襲を繰り返し、政策を大きく修正することがほとんどなかったことだ。67長計で描いたＦＢＲ路線を変えることもしないし、複数の政策選択肢も議論しない。使用済み燃料を再処理しないまま廃棄する「直接処分」などは、次第に世界の主流になってきたが、「日本の政策にはない」として研究さえ許さなかった。

真面目に検証しない日本の原子力政策は、まるで一本の線路の上を走る列車のようだった。問題があってブレーキがかかることがあっても、分岐（ほかの選択肢）はなく、また同じ方向に向かう。いくら遅れてもめざす駅はただ一つである。その線路が間違っている、あるいは「めざす駅は本当に存在するのか」という議論はしない。従来路線を5年に一度「上書き保存」してオーソライズし直す、という目的になっていた。

原子力を推進する「上げ潮」の時期は、社会主義的な長期計画で「国策」と「民営」を結ぶのは効率的だったが、やがて、現実と計画が乖離し始めた。とりわけＦＢＲ開発は大きな壁につきあたった。86年のチェルノブイリ事故後、90年代に入って世界で原発の数が伸びなくなってウランが安値に安定し、ＦＢＲの経済性が見通せなくなった。そうなると、プルトニウム利用の核拡散性が重要な問題として浮上し、世界中で核燃料サイクルから撤退する国が増えた。

ついに97年、原子力委員会がつくった「高速増殖炉懇談会」は、「ＦＢＲ実用化を白紙にする」という方針の大転換を諮問するにいたった。*4

「２０３０年ごろまでにはＦＢＲの実用化を」という94年の長計から、２０００年長計では、「実用化時期を含め柔軟かつ着実に検討を進めていく」とするだけで、実用化の年次は消えてしまった。

しかし、原発の数は高い目標をもち続けた。長計は、計画の無謬性を貫徹するようなところがあり、「前回までの長計で達成できなかった建設計画の遅れを取り戻す」計画をつくるようになった。積み残したノルマを次の目標に上乗せするようなものである。ノルマの持ち越しは増え、長計に書く原発数は次第に「不可能な原発建設計画」「願望の数字」を掲げるようになった。

その原発数を基本に日本の「長期エネルギー需給見通し」がつくられるが、その柱部分の原発数が「願望」なので長期エネルギー見通しが「うそ」の計画になる。結果的に日本のエネルギー長期計画は虚構になり、信用されなくなった。そもそも役所や電力業界自身が信用しないものになった。

94年長計にかかれた「２０１０年までに７０５０万キロワット」という原発を実現するために「99〜２０１０年に20基を新設する」という、どう考えても不可能な数字を掲げるにいたった。

このような異常が続いていた99年末、朝日新聞は社説で「虚構の旗を降ろそう」を主張した（１９９９年12月28日）。これは私が執筆を担当した。

「昨年決定された『長期エネルギー需給見通し』は、年2％程度の経済成長に必要なエネルギーをまかないつつ、地球環境問題に対応するには、原発を増やすしかないとしている。

それによると、２０１０年までに原発を20基程度増やし、原発依存度を45％程度に高めることになる。だが立地の難しさなどで、実現するとはだれも思っていない。政府の役人や電力会社でさえもである。

いまや虚構になった『原発20基増設』の旗は、降ろすべきだ。できもしないと知りながら主張を続けることが、政府への信頼をおとしめているだけでなく、温暖化対策など現実の政策も混乱させている」

このように長計があまりに現実から離れてしまったことで、原子力委員会もついに方針を変え、2005年長計では、「達成年次、原発数」などスケジュールの数字を抜き、名前も長計ではなく「原子力政策大綱」に変えた。少し正気に戻り、内容もかなり現実的になった。

この原子力政策大綱をつくる過程では大きなドラマがあった。ほぼ1年をかけて、「核燃料サイクルをどうするか」についてかなり真剣な議論が行われたのである。日本の原子力史上初めての本格的政策論争だった。

ここの議論で、再処理・FBR路線のコストが高いなどの問題が明らかになったが、それでも原子力委員会は、「従来路線の堅持」を決定した。「政策を変えればさまざまな費用や政治的軋轢《あつれき》が起きる」という「政策変更コスト」を持ち出しての苦しい説明だった。核燃サイクル論争については次章で詳しく述べる。

＊

日本の原子力開発は科学技術庁（現・文部科学省）と通産省（現・経済産業省）の2本立てで行われてきた。科学技術庁は新技術の開発研究を主に行い、通産省と電力業界はビジネスとしての原子力発電を担当してきた。現実には、FBR開発、新型転換炉の開発、ウラン濃縮など国産技術の完成・商業化はうまくいっていない。ここには、科学技術庁が技術を完成させたといっても、通産省・電力業界が受け取らず、商業化を拒めば実用化されない、という面がある。科学技術庁系の開発プロジェクトへの協力は電力業界にとっては「交際費」のようなもの、との指摘もある。[*5] あまり頼りにしていないという意味だ。科技庁が開発を進めた技術は、あまり必要ではなかったのか、あるいはコストが高すぎたのか。

批判を許さない体制

核燃サイクルは停滞したが、原発は増えた。福島原発事故の前まで日本は54基の原発をもち、米国（104基）、フランス（59基）に次ぐ世界3位の原発大国になっていた。

国策として進められる原子力政策に対して、反対勢力も次第に力を失っていった。反対運動が盛り上がるのは、原発建設予定地を決める過程だ。しかし、70年代にはおおむね決着がついた。新しい原発建設地を決めることはあまりにも難しく、電力会社もあきらめ、既存建設地への集中立地が進んだ。

一方、政府・官僚、電力会社、原発メーカー、研究者らは、効率よく原子力を推進する社会構造をつくりあげていった。その過程で行き過ぎた人的ネットワークの形成も見られた。しばしば「原子力ムラ」とよばれる。

この特徴は、構成するメンバーらがお互いを批判せず、研究開発費など国家のお金や、原子力に関する社会の重要なポストを融通し合う「互助会」的な役割を果たすことだ。国立大学の原子力研究者の世界では、原発に批判的な研究者は教授に昇進させないという、あからさまな差別的扱いがとられてきた。政府の委員会メンバーなどにもつけない。

次第にそれが高じて、原子力についての意見表明がすべて「推進派」「反対派」に政治的に色分けされてしまうようになった。危険性への科学的な指摘にも「反対派だからいっている」という言い方で無視する雰囲気ができ、議論をしない。

推進派の学者も安全性や政策に関して批判的なことをいいにくくなった。この体制は、原子力を推進するうえでは一見効率的だが、行きすぎれば困ったものになる。原子力研究者は多くても、社会の中に原子力への批判的な意見、原子力政策を修正する意見がほとんどなくなってしまう。

3・11後にもその影響を見ることができる。事故のメカニズムを詳細に解明、再現することに対して、原子力産業協会、学会などの原子力専門家集団の態度は後ろ向きなのだ。本格的な再現作業を、どこの機関も実施していないのである。

「日本の原発は安全」といっていた人たちが、大事故が起きたときに動かない。専門家の矜持がないのか、「安全」といい続けているうちに本当の実力が消えたのか。

司法も国の原子力推進政策を後押しする存在になっていた。原発では設置許可の取り消しを求める行政訴訟が広く展開されているが、ほぼ国側の連戦連勝だ。安全性をめぐる裁判所の考え方がほぼパターン化しているからだ。92年の伊方原発訴訟の最高裁判決は、「現在の科学技術水準で専門的な審査の過程に見過ごせない誤りがない限り、それに基づく行政の判断は適法」とした。その考え方の「枠組み」が原発設置許可訴訟の判例となって続いている。[*6]

このため反対派や慎重派は、裁判に負けることを承知で過酷事故の危険性を指摘し続けざるをえない。政府や電力業界はそれを冷笑的に扱い、無視してきた。

こうして官僚、主要政党、学界、経済界、電力会社などの社会機構が原発推進の考えをもち、その方向でネットワークをつくり、簡単には異論を挟めない社会体制ができあがっていった。それは強固だが、「度が過ぎた状態」だったといえる。3・11の後でも、推進派からは、「脱原発は間違っている」という主張は出るものの、「原発を減らす修正案」など新しい選択技はほとんど出ない状態だ。

＊1　「原発とメディア（271）子ども：12　夢を語る教科書」朝日新聞、2012年11月6日
＊2　『関東の電気事業と東京電力』東京電力、2002年3月
＊3　『成長の限界　ローマ・クラブ「人類の危機」レポート』D・H・メドウズほか、大来佐武郎監訳、ダイヤモンド社、1972年5月
＊4　「高速増殖炉　実用化は白紙　プルトニウム利用政策を転換」朝日新聞、1997年10月1日
＊5　『原子力の社会史』吉岡斉、朝日選書、1999年
＊6　「原発とメディア（128）司法：8　原発裁判の枠組み」朝日新聞、2012年4月11日

第4章　原子力政策の焦点、核燃料サイクル

かつて多くの国が、原発の使用済み燃料を再処理してプルトニウムを取り出し、それを高速増殖炉（ＦＢＲ）で使う核燃料サイクル体制の完成をめざした。しかし、経済性がないことや核拡散の危険性を理由に撤退した国が多い。日本でも、１９９０年代半ばから２０００年代半ばまで、核燃料サイクル路線を変えようという論争や試みが何度も行われた。路線の問題点は明らかにされたが、結果的にほとんど変わらず、昔からの路線が踏襲された。それはなぜなのか。

核燃料サイクルの停滞

冬には地吹雪が舞う青森県六ケ所村に巨大なプラント群がある。総工費は2兆2千億円。ジェット機が激突しても破れない壁をもつ。工場の全体像は遠く離れた道路から撮影するしかない。空中からの撮影も各方面に自粛を要請している。日本原燃の六ケ所再処理工場だ。

ものものしい警備は、このプラントで抽出されるプルトニウムをテロリストから守るためである。核燃料サイクルの成否を握る最重要施設であるとともに、核兵器をもたない日本が核兵器材料のプルトニウムを扱う不慣れと緊張が凝縮されている施設である。

標高50メートルの場所にあるので3・11の津波の影響は受けなかったが、東北電力からの電力供給が2日半も止まり、非常用電源でしのぐという綱渡りの事態を経験した。

2012年10月に本格操業をする予定だったが、大震災後の作業停止の影響もあって作業が遅れ、直前に延期を発表した。これで実に19回目の延期である。

もともと事業申請時（1989年）は建設費7600億円で1998年に本格操業の計画が、2兆円を超え、操業できずに延期を繰り返してきた。さらに3・11を経て原発政策の転換が模索される中で、「操業できるのかどうか」の不透明さが増している。日本の原子力政策を転換するのか、しないのか。それを左右する焦点の施設だ。

核燃料サイクルは、次のような仕組みになっている。

原発でウラン燃料を使うと、非核分裂性のウランが中性子を吸収してプルトニウムができる。それを含む使用済み燃料を酸で溶かして中のウランやプルトニウムを取り出す過程を再処理という。六ケ所村にあるのはその工場だ。抽出されたプルトニウムとウランを混ぜてMOX燃料（混合酸化物燃料）にする。それを高速中性子の原発で使うとプルトニウムは核分裂して熱を出すが、非核分裂性のウランがプルトニウムに変わり使用前の燃料よりプルトニウムが多くなる。「高速」は中性子の速度を表す。高速中性子を使うプルトニウム増殖原子炉が高速増殖炉（FBR）だ。FBRで使った燃料をまた再処理してプルトニウムを取り出し、FBRで何度も使う仕組みを核燃料サイクルと呼ぶ。

今では、核燃料サイクルは普通の原発利用とは別の分野に思われがちだが、原子力の黎明期では、「サイクルあっての原子力」と考えられ、原発利用と一体のものとして考えられてきた。日本でも原子力委員会が1956年につくった第一回の原子力長期計画ですでに核燃料サイクルの実施が明記されている。たいていの先進国も同様だった。核燃料サイクルがこんなに難しいものだとわかっていたら、原発によるウラン利用も始めなかったのではないかと思われるほどサイクルは原子力利用の当たり前の到達点であり、不可欠のものと見られていた。

核燃料サイクルを進めるために必要な施設としては、再処理工場のほか、FBR、MOX燃料製造工場、そして高レベル廃棄物処分場などがある。これらすべてがなければサイクルの環は閉じない。日本はすべての施設を国内につくろうとしている。

核燃料サイクルは、「使った燃料より多くの燃料ができる」不思議な仕組みだ。この原理を知った原子力研究者が驚喜し、これで人類のエネルギー問題は解決すると考え、FBRを「夢の原子炉」と呼んだ。日本が再処理・核燃料サイクル政策をとる理由は、次のように説明されてきた。

・ウラン資源の有効活用（使用済み燃料中のプルトニウムを利用）
・原子力によるエネルギー安定供給の確立（日本にはエネルギー資源が少ない）
・高レベル放射性廃棄物の体積の減少

ただ、うまい話には裏がある。先進国は軒並み、核燃料サイクルをめざし、2000年ごろには多くの先進国でFBRが林立する時代が来ているはずだったが、今では撤退を決めた国の方が多い。理由はいくつかある。

1、核不拡散。プルトニウムは核兵器の材料になる。再処理をする国が広がれば核拡散の危険性が増すとして、1977年、カーター米大統領時代に米国が再処理をやめ、ほかの国にもやめることを勧めた。

2、コスト。原発の伸びが鈍いためウランが値上がりせず、プルトニウム利用の経済性が見通せなくなった。また再処理やMOX燃料製造が高くつき、かつての予想をはるかに超えるコスト高になった。だから、「何回も何回も再処理を繰り返してどんどんプルトニウムをつくればウランのほとんどを利用できる」といった「夢」は現実性を失った。
3、安全性。ＦＢＲは熱を運ぶ冷却材に、水と爆発的に反応するナトリウムを使っている。普通の原発は水を使っている。

これらの理由で多くの国が計画から撤退した。ＦＢＲでいえば、ドイツは１９９１年、完成したばかりの「ＳＮＲ３００」を放棄して計画を断念した。米国は94年に計画を断念。英国は「ＰＦＲ」というＦＢＲの研究炉の運転を94年に終了し、以後の開発継続をやめた。フランスは巨大な高速増殖炉スーパーフェニックス（ＳＰＸ）が政争に巻き込まれる形で97年に閉鎖が決定され、以後、新しい建設計画はない。

そして、サイクルから撤退した国の多くが、余ったプルトニウムの消費方法として、プルサーマルを始めたが、それも縮小傾向にある。プルサーマルはプルトニウムとウランでＭＯＸ燃料をつくり、それを普通の原発で燃やすことだ。

日本では、もんじゅが95年のナトリウム漏れ事故を起こしたあと、核燃料サイクルが実現する方向に、ほとんど動いていないが、遅れても遅れても路線を変えずに維持してきた。先進国では珍しい存在だ。米国が再処理を禁止する政策を決めたきっかけは、74年のインドの地下核実験だ。インドは研究炉、原発など原子力の平和利用の施設を利用して核兵器を開発したのである。それに米国は衝撃を受けた。

余談だが、インドの核実験と朝日新聞とは浅からぬ因縁があったことをのちに知った。

1998年5月、私はインドが二回目の核実験をした直後にインドに行き、核実験の総責任者であるチダムバラム博士らにインタビューした。

インドはこのときの一連（五回）の核実験で、ミサイルに搭載できるほど小型化した水爆の開発、原爆の小型化を達成した。チダムバラム博士はその基本になる民生利用の「ウランの採掘、燃料の製造、組み立て、原子炉、高速増殖炉の設計、重水の製造、核燃料サイクル、廃棄物処理のシステムのすべてを独自開発した」と胸を張った。[*1] 水爆に使用するトリチウムは、重水研究炉で使っている重水の中に不純物として出てくる微量のトリチウムを集めたのだといわれている。そんなことが可能なのかと思われるような方法だ。

ちなみに重水は、質量数の大きい水素原子でできた水で、普通の水（軽水）より少し重い。原発で中性子を効率よく減速する材料として使われる。減速した中性子は核分裂を起こしやすい。

そのインドの核実験の取材の中で、ある引退した核科学者にインタビューをした。話が終わったとき、彼が、帰ろうとする私を呼び止めた。少し逡巡したあと、「君は朝日新聞だろう？　昔の朝日新聞を調べて、ある記事の詳しい内容を教えて欲しい」と切り出した。

インドの第1回核実験の2年前の1972年、朝日がスクープした「インドが近く核実験」という記事だという。この科学者は実験の枢要な地位にいた。「その記事でインドは大変困ったんだ。当時、実際に実験準備を進めていたからね」という。驚くべき話だった。

帰国後、72年6月23日夕刊の1面トップ記事を探し出して読んだ。ジュネーブ発で「インド、年内にも核実験　6番目の保有国へ　地下、20キロトン　平和目的の爆発」とある。英字紙の朝日イブニングニュース1面にも載っていた。この記事はインドに大きな衝撃を与え、実験は2年後の74年5月に行われたが、規模や方法はほぼ記事どおりだった。

「その記事で実験が遅れたのか」と聞くと、それには直接答えずに苦笑し、「実験用のシャフト（縦穴）掘りが遅れたから」を繰り返した。その工事の遅れの理由も含め、明らかに記事が関係したというニュアンスだった。

記事を書いたのは、当時のジュネーブ特派員、秋山康男氏だった。東京でこの話を伝えると、非常に驚き、「当時、インドに地下核実験の能力はないと見る人が多く、記事の内容について『本当なのか』とさんざん聞かれたものです」と振り返った。記事の正確さが26年後に証明された。

このような記事が出て「そのとおり」と認める国はない。ガンジー首相は記者会見で、「記事は真実ではない」と核実験計画の存在を否定している。インド政府が日本政府に公式に抗議するなど大騒ぎになった。結局、核実験は予定より遅れた。

当時、インドの関係者は記事の情報源を躍起になって突き止めようとしたという。インドは英国情報機関のＭＩ６と見ていたが、秋山氏によるとジュネーブ軍縮会議のカナダ代表部などだった。ＭＩ６の関与は不明だ。カナダはインドに重水研究炉などの技術を提供しており、核開発への転用に強い危機感をもっていた。情報を明らかにして実験を止めたかったのかもしれない。記事は核実験、核兵器開発を少なくとも2年は遅らせた。

つねに秘密裏に行われる核開発にとって、計画の暴露はブレーキになる。95年には米国が衛星でインドの水爆実験準備を察知して中止に追い込んだ。3年遅れて実施されたのが、私が取材した98年5月の核実験である。

相次ぐ日本の原子力事故

日本の核燃料サイクルが遅れたもう一つの背景には、日本で90年代に原子力の事故、トラブルが相次いだことがある。

○「もんじゅ」のナトリウム漏れ事故（1995年12月8日）

高速増殖原型炉「もんじゅ」（28万キロワット）は1994年4月に臨界に達した。建設費は約6000億円で、1970年代初頭の計画時の360億円を大きく上回った。しかし、臨界翌年の95年12月8日、2次冷却系のパイプから700キロのナトリウムが漏れる事故を起こした。パイプに突き刺しているように設置されている温度計の鞘管が折れ、差し込み口付近から漏れた。

事故発生から6時間半後に職員が穴の開いたパイプのある部屋に入って事故現場をビデオ撮影したが、批判をおそれて、ナトリウムが流下した床を見せないように映像編集をしたり、その後、そのビデオを隠したりして強い批判を浴びた。

ナトリウムは水や空気に触れると燃えるが、漏れたナトリウムが床に張られた鋼板を予想外に損傷していたこともわかった。この事故は国際評価尺度では事故レベル１（チェルノブイリ事故、福島事故は最高のレベル7）。この事故以来、もんじゅはほぼ止まっている。停止中でも一日約５０００万円の維持費がかかる。

○東海・動燃再処理工場事故（１９９７年3月11日）

茨城県東海村の動力炉・核燃料開発事業団（動燃、現在は日本原子力研究開発機構）の再処理施設で、大きな爆発と火災が起きた。爆発したのは、原発の使用済み燃料を再処理する過程で出る低レベル放射性廃液から水分を抜いて減量したものをドラム缶内にアスファルトと混ぜて固化する工程だった。火災が起きたが、消火したと思っていたところ、10時間後に大爆発が起き、付近の路上には吹き飛んだガラスなどが散乱した。可燃性ガスがたまっていたためだ。あとの報告書で「鎮火を確認していた」とうその報告をしていたことや、隠蔽工作もわかった。もんじゅの事故処理と全く同じ不祥事に、橋本龍太郎首相は「動燃という名前も聞きたくない」と激怒し、その後の動燃の解体、原子力研究所への吸収が決まった。ひいては、監督官庁である科学技術庁も問題にされ、２０００年の省庁再編の際、科技庁は文部省に吸収された。国際評価尺度の事故レベルは3。当時は日本の最高だった。

○ＪＣＯ臨界事故（１９９9年9月30日）

茨城県東海村にある民間のウラン加工施設「ＪＣＯ」東海事業所で、国内初の臨界事故が起きた。事故は高速増殖実験炉「常陽」用の燃料を加工しているときのことである。作業員3人はビーカーを使い、バケツに溶かしたウラン溶液を沈殿槽というタンクに許容量以上入れてしまったため、臨界が起きた。JCO社は作業を簡単にするために、バケツを使うなどの「裏マニュアル」をつくり、日ごろからマニュアル違反の作業をしていた。

作業員は「臨界が起きたとき青い光が見えた」と証言しており、放射線が水と反応した際に出る青い「チェレンコフ光」だったのではないかといわれた。目の水晶体の水分と反応したとみられる。この事故で作業員2人が急性放射線障害により皮膚の生成ができなくなって死亡した。JCO近くに住む住民も被曝した。また風評被害で茨城県の農作物が一時売れなくなった。

事故処理の際、核燃料の再臨界を阻止するため、高放射線下での作業を余儀なくされたが、核燃料サイクル機構（旧・動燃）の若い職員らが志願して実施した。被曝をできるだけ少なくするため、作業は2人1組で走って現場に突入し戻るまで3分間。この作業を9組で繰り返した。

この事故はそれまでにない多くの教訓を示した。まず、放射線障害で人間の体がどんなに悲惨な状況になるかがわかった。専門家グループが出した事故の際の「屋内退避指示」は、現場から放射線が照射され続けた事故形態から考えて、正しくない指示だった。事故の背景として、国や核燃サイクルもずさんな現場作業を許した責任を問われるべきだったが、まともな検証は行われず、「JCOの臨界に対する危機認識の欠落が主な原因」だったと現場に責任を押しつける事故報告書を同年12月末にあわただしくまとめ、幕引きを行った。

○東電の原発トラブル隠し（2002年8月29日に発覚＝第7章参照）

東京電力が原発の自主点検データを改ざん、隠蔽していた。点検を請け負った米国企業の元社員からの告発で判明した。点検で見つかったひびの数を少なく記載するなど、原発13基で29件の不正があったと発表した。原子炉圧力容器内にあるシュラウド（炉心隔壁）のひびを何度も見つけていたが未報告だった件などが悪質とされた。

このスキャンダルの責任をとって、南直哉《のぶや》社長、荒木浩会長、那須翔相談役、平岩外四相談役、榎本聰明《としあき》副社長が辞任した。

しかし、調査が進む中で疑惑が広がった。なかでも最も悪質だったのは、福島第一原発1号機（2011年の事故で最初に炉心溶融と建屋の水素爆発を起こした炉）で国の検査をだました件だ。原発の格納容器は、3・11のような事故が起きたとき、外部への放射能漏れを防ぐために高い気密性が求められる。

1号機の定期検査の前、格納容器から少し空気が漏れており、原因がわからなかった。そのままでは検査を通らないので、根本原因を探すのをやめ、「漏れる分」だけを密かに注入して圧力計の針が気密を保っているように細工をして、国の検査官をだました。検査や検査官を軽視し、形だけ整えば問題ないという姿勢が当時からあったことを示すものだ。

六ケ所再処理工場を止めるか

日本の原子力長計は何回改定されても「原子力推進、核燃料サイクル推進」という柱を見直すことはなかった。しかし、90年代になるとさすがにサイクルの停滞という世界の波が日本に打ち寄せてきた。日本のサイクルだけがうまくいくはずはない。1994年の原子力長計では高速増殖炉（FBR）について「2030年ごろまでに実用化」と書いていたが、1997年に設置された高速増殖炉懇談会の報告（97年12月）の要旨は次のとおりだった。[*2]

・FBRを将来のエネルギー源の選択肢の有力候補として位置づける
・実用化を目標とするFBRの研究開発を継続する
・もんじゅの運転を再開する
・FBRの実用化については具体的な計画を白紙とし、実用化目標時期を白紙とする

一見、FBR重視は変わっていないように見えるが、これでも大転換だった。FBRは将来のエネルギー源の柱から「有力な選択肢の一つ」に格下げされ、実用化は白紙となった。

その後、日本の核燃料サイクル計画は全く先が見えない状況になっていった。もんじゅは95年のナトリウム事故で停止中だったし、FBRへのつなぎとして考え出したプルサーマル計画も遅れていた。前

述のとおり、プルサーマルはプルトニウムをMOX燃料にして普通の原発で燃やして消費する計画だ。

99年には、日本のトップを切ってプルサーマルを行う予定だった関西電力のMOX燃料で、データ捏造事件が発覚した。英国核燃料公社（BNFL）の製造施設でつくられた燃料の小片（ペレット）について、決められた寸法測定がなされておらず、データが捏造されていたのだ。その後、燃料小片を入れる鞘にネジやコンクリートの破片が入っていることまで発覚した。ずさんな製造管理が明らかになり、当然ながら関電でのプルサーマルは延期された。

そこで東電の福島原発がトップを切ることになった。しかし、福島県の佐藤栄佐久知事は、99年に出していたプルサーマル実施の地元了解を01年に撤回した。また同じ年、東電の柏崎刈羽原発を抱える刈羽村で、「プルサーマルの賛否」を問う住民投票で反対が多数を占め、ここでも頓挫した。

佐藤・福島県知事は「少しの時間、ポーズで止める」というような姿勢ではなく、県に「エネルギー政策検討会」を設置して、原子力政策全般の検証を進め、本格的な政策批判を展開していた。

佐藤知事は私のインタビューの中で、「プルサーマルに何兆円もかけるなら、自然エネルギーに1兆円でも2兆円でもかけたらどうかとも思う」「核燃料サイクルについて国のグランドデザインがはっきりしない。FBRはどうするのか。中間貯蔵でいくのか。資源エネルギー庁のパンフレットの図にはFBRが入ってない」[*3]などと、サイクル政策の矛盾点を鋭くついていた。

一方、六ケ所再処理工場は遅れながらだが完成に近づいていた。当然ながら、「世界は撤退している し、問題も多いのに、サイクルは現実的なのか、六ケ所工場は必要なのか」という世論が高まっていった。

朝日新聞が核燃料サイクル路線への本格的な批判を始めたのは、01年12月18日の社説「建設構想に疑問あり　MOX工場」のころからだった。もしMOX工場を建設すれば後戻りできないプルトニウム利用の道に入ってしまう。MOX工場をつくる前に路線を再検討し、再処理工場の計画も根本的に見直すべきだとした。そしてプルサーマルすべてに反対ではなく、英仏への再処理委託ですでに抽出されたプルトニウムの消費方法としては現実的な選択肢だと認めた。ただ国内で使用済み燃料を全量再処理する路線はおかしい――と主張した。

このころ原子力論争は、矛盾が露呈している核燃料サイクルへの批判が集中的に展開されるようになっていた。そして、核燃料サイクルの現実味が薄れるにしたがって、一枚岩のはずだった電力業界と経産省、文科省（旧科学技術庁）の間で考えが微妙にずれ始めていた。

「開発」を担う旧科学技術庁グループは、FBRの実用化が遠いことを認めながらも、研究開発は捨てられなかった。あけすけにいえば、それがなくなれば「仕事」がなくなるのである。商業原発を管轄する経産省は、当面の課題であるプルサーマルは必要だが、現実性にとぼしいFBR・核燃料サイクルをめざすことには冷淡になりつつあった。

その考えの「ずれ」を反映して、核燃料サイクルも、「FBRサイクル」「軽水炉サイクル」の二つの言葉が使われ始めた。FBRサイクルは「本来の核燃料サイクル」だが、軽水炉サイクルとはプルサーマルのことだ。これは「サイクル」という言葉を使っているが、FBRをめざさず、プルトニウムを消費するものであるから、本当はサイクルでも何でもない。本来のＦＢＲサイクルは「うまくいきそうにない未来の計画」になっていた。

当時、核燃料サイクルのかなめの施設である六ケ所再処理工場もＦＢＲも未完成だったので、国内での核燃料サイクルは実現に遠かった。一方、英仏へ依頼した再処理から出るプルトニウムでつくったＭＯＸ燃料がどんどん完成していた。これは日本の原発で燃やす（プルサーマル）しかない――。そういう状態だった。

＊

日本は70年代など初期の原子力発電で発生した使用済み燃料を、英国核燃料公社がつくった再処理工場「ソープ」（ＴＨＯＲＰ）と、フランスの核燃サイクルを担う国営企業コジェマ（ＣＯＧＥＭＡ）がもつラアーグ再処理工場に計５０００トンの再処理を依頼した。それ以降は、六ケ所再処理工場で再処理する予定だった。英仏で抽出されたプルトニウムのうち、一部は粉末のまま日本に運ばれたが、反対も多く、プルサーマル計画用のＭＯＸ燃料に加工して日本に運ぶことになっていた。

２０００年ごろ、電力業界は複雑な板挟みの中にあった。すでに原発は多数建設され、発電の主流になっていたが、次の核燃料サイクルについてはだんだんと興味を失ってきていた。原発に比べて経済性に大きく劣るだけでなく、ＦＢＲなどの技術開発も先が見えなかった。「なぜ、これをやらなければならないのか、急いでやらなければならないのか」という疑問が大きくなっていた。

ＦＢＲは実験炉（常陽）、原型炉（もんじゅ）、実証炉、実用炉と4段階も順序を踏んで実用化にもっていく計画だった。常陽、もんじゅまでは「研究開発」なので国が担当するが、実用化に近い実証炉からは電力業界が担当することになっていた。電力業界は次第に実証炉建設からも手を引きたいと思うようになった。開発研究は事実上ストップした。

問題は六ケ所再処理工場である。再処理工場は電力業界が出資する日本原燃（東電の連結子会社）の所有だが、六ケ所を動かさなければ、国が戦後一貫して掲げてきた「核燃料サイクルの実現」という路線が消えてしまう。社会のあらゆる制度がこれに向けて進んでいるので、路線変更は大きな軋轢を生み、施設の立地を受け入れた青森県は変更をとても認めないだろう。

それよりも何よりも、日本には「使用済み燃料を全量再処理して、プルトニウムを再利用する」という政策しか用意されていない。核燃料から撤退した国々は、使用済み燃料を再処理せずにそのまま地中に埋める「直接処分」という方法を採用する予定だ。しかし、日本は法律で「全量再処理」が決まっていて、「直接処分」などは、「日本では必要のない路線だから」という理由で研究さえ許してこなかった。日本は「退路を断つ」というか、一本道しか用意しない国である。

こうして核燃料サイクルの実現性への本質的な疑問が出てきた時期だったが、六カ所工場が動かないことによる最大の問題は使用済み燃料の流れが止まることだった。

六ケ所工場のプールは3年分

使用済み燃料は、しばらく原発の建屋の中にある使用済み燃料プールで冷やし、次に六ケ所再処理工場のプールに運び込む。ここで再処理され、出てきたプルトニウムを六ヶ所再処理工場の敷地内にあるMOX工場（未着工）に運んでMOX燃料をつくり、それを原発で燃やす——。

この核燃料サイクルがうまくいかない事態になれば、再処理工場のプールへの搬入が止まってしまい、各地の原発は困ることになる。

原発のプールも六ケ所再処理工場のプールも大きくつくっておけばいいのだが、これらを余裕なしで、ぎりぎりのサイズにつくるのが日本の「ポリシー」といえる。ぎりぎりにしているから、焦って次の計画を早く動かす力が働く、と考えていたのだが、実際は、いたるところでボトルネックになって計画が滞る原因になっている。大きなプールをつくろうとすれば、「そこが放射性廃棄物の長期間の置き場になる。核のごみ捨て場になる」といって反対されるなどの理由もあった。

日本の原発からは年間約1000トンの使用済み燃料が出るが、六ケ所のプールは3000トン。たった3年分しかない。フランスの原子力関係者は私に、「六ケ所は、広い敷地に、お風呂のような小さなプールがある」と首をかしげていた。

つまり、01〜02年ごろになると、「六ケ所工場を動かすかどうか」が原子力での大問題になった。動かせば多額のお金がかかるが、動かさないとなると国策の大幅変更になる。原発が止まりかねないし、青森県と国の関係も悪化する。「やめることができるのであればやめたいが、2兆円もかけたものをやめると言いにくいし、やめる方法もない」。これが電力業界と経産省の一部の本音だった。

実はこの時期、経産省幹部と東電幹部が密かに会議を重ねて「六ケ所を止める協議」をしていて、

「撤退の方向」でいったん合意したのだという。この話は2011年12月に毎日新聞が報じた。[*4]

記事によると、02年、東電の荒木浩会長、南直哉社長、勝俣恒久副社長と経産省の広瀬勝貞事務次官らが議論し、撤退の方向で合意し、再協議することを決めた。しかし、その3カ月後に東電の「原発トラブル隠し」事件が発覚し、荒木、南両氏が引責辞任したことから実現しなかった、というものだ。関係者の談話もとっており、南氏は経産省との協議については「記憶にない」としながら「当時、経産省との間で再処理をやめられないか相談が行われており、荒木氏や勝俣氏と議論した」と答え、勝俣氏は「再処理をやるかやらないか5回くらい社内で経営会議を開いた」と答えている。

私は、東電が社内で「撤退が可能かどうか」を検討していたことは知っていたが、こんな大物メンバーの協議の場があったことは知らなかった。本当だとしたら重大なことだ。2000年代初頭に、電力業界のリーダーである東電と経産省が六ケ所工場の撤退を考えていたことになる。

この記事の後、私は当時を知る人に取材した。すると「東電3人、経産省3人」の協議の場があったと教えてくれた。名前もはっきりしている。「再処理をやめるかどうか、やめるとしたら、どうやってやめるか」について議論していたが、両者が「撤退」にどの程度合意していたかについてはよくわからなかった。

協議の中では「米国の圧力を使えないか」という案も出たという。米国は基本的に再処理をやめろといっている。そこで「米国が強くやめろというからやめざるをえない」という方向に外圧を利用する案だ。結果的には、2002年8月の東電トラブル隠し事件で、東電の社長ら5人が退任することで経産省と東電の関係が悪化し、立ち消えになった。

私が思うのは、秘密協議とはいえ、議論はもう少し深めて欲しかったということだ。最も情報をもつ二者が、少なくとも六ケ所工場をどうにかしなければならないという問題意識を共有していたのである。もっと突き詰めて考え、日本の将来にとって何がいいか考えて欲しかった。議論は中途半端で秘密のまま埋もれ、両者はその後、公式の場に出れば、また「資源のない日本にとってサイクルは重要」といった緊張感のない建前の議論に戻ったのである。

情報を公開しない。問題と最後まで向き合わない。日本の原子力政策がまともにならないはずだ。そして国民は電気料金に組み込まれた再処理料金を払い続けている。

ただ、社会でのサイクル論争はまだまだ続くことになる。

「19兆円の請求書」

東電による原発トラブル隠しが発覚し、原子力安全・保安院が記者会見したのは、02年8月29日だった。それは東電が、新潟県・柏崎刈羽原発でのプルサーマル実施を自治体に申し入れる前日だった。すべて根回しは終わり、関係者は日本でプルサーマルがやっと始まると、喜んでいた。しかし、トラブル隠しでそれどころではなくなり、また頓挫した。

さらに03年1月には、名古屋高裁金沢支部が、「もんじゅの設置許可無効」というあっと驚く判決を出した。もんじゅは止まったままだった。

03年6月21日の朝日新聞の社説「工場を凍結し、見直しを　核燃サイクル」では、再処理工場ができたから動かす、のではなく、「運転開始をいったん凍結し、首相直属の委員会をつくり、全面的に再検討することを提案したい」と主張した。ここで「首相直属の委員会」としたのは、原子力委員会による長計の議論では過去の踏襲しかできず、政策を変更するパワーがないと見ていたからだ。

「見直しの議論をしよう」という朝日新聞の主張よりもっと強い、「六ケ所を運転するな」という意見が原子力界の内部から出ていた。

若手の原子力研究者でつくる原子力未来研究会（代表・山地憲治東大教授）は、原子力業界誌「原子力eye」の03年9月号でサイクル政策を批判する連載を始めた。1回目は「時代遅れの国策の下では原子力に未来はない」。原子力支持だが、核燃料サイクル政策は現実とずれ過ぎているという立場から、使用済み燃料の全量再処理路線を変えることを求めていた。「全量再処理をやめよう」という点は、朝日新聞の社説と同じ意見だった。

「原子力業界の中の人たちなのに、はっきりいうなあ」と感心していたら、2回目の原稿が掲載拒否になるという事件が起きた。編集部の独自の判断と聞いたが、圧力だったのだろう。ボツになった原稿を入手して読むと、六ケ所再処理工場を経済性などさまざまな点から検討し、「運転せずに廃棄するのが一番」と示唆していた。先鋭的な意見である。2回目は出ず、「連載」はあえなく1回で終わった。

六ケ所工場で放射性廃液を使った「ホット試験」が始まると、工場全体が巨大な汚染物になって廃棄費用が跳ね上がる。1・6兆円といわれていた。「もし廃棄するのであれば汚れる前に」と多くの人が思い、議論を焦っていた。

国も動いた。04年に始まった原子力長計の改定では、近藤駿介・原子力委員長の判断で、ついに「核燃料サイクルをどうするか」が俎上に載せられた。いつものように「過去を踏襲」でお茶を濁すことはとてもできないほど、サイクルへの批判が高まっていたからだ。

長計を改定する策定会議を6月に立ち上げ、11月までサイクルだけを集中的に議論した。計17回、45時間の議論だった。会議を担当した経産省の役人は「議論がどう転ぶかわからない形で長時間やった。パンドラの箱を開けた」と過去に例のない自由な議論を自賛した。会議のメンバー約30人のうち、強い原子力反対派や慎重派は3、4人だったので、「パンドラの箱」というほどのものではなく、結果はある程度予想されたが、公式の場で路線そのものの議論をしたのは初めてだった。日本における原子力史上初の公的な路線論議といえる。

＊

朝日新聞は報道する際に、「核燃料サイクルの経済性」に焦点をあてた。最も重要な要素なのに、割高感が見えてくると、後述する「コストの試算隠し」で明らかなように、議論が避けられてきたのである。それでいて、コストを明らかにしないまま、「エネルギー安全保障はコストだけで語るべきではない」といった開き直った理屈も出ていた。

そんな風潮の中で、原子力推進母体からの「反乱」が起きた。経済産業省内の若手官僚がグループになって、核燃料サイクル反対の運動を始めたのである。彼らは、「19兆円の請求書／止まらない核燃料サイクル」というA4判27ページの資料を手に、役所内、議員、メディアなど影響力をもつ人に会い、「六ケ所工場を止めよう」と説得して回った。

その資料は「再処理工場を40年間動かして核燃料サイクル路線をとれば、（再処理をせずに使用済み燃料をそのまま地中に廃棄する）直接処分よりも18・8兆円のコスト増になる。六ケ所工場の稼働率が低くなれば50兆円にもなりかねない」と指摘し、それほどまでして核燃料サイクルを追求する意味はない、としていた。

このグループが活動を始めた時期は、2004年の4月、原子力委員会の長計策定会議が始まったころだった。その結論が出ていないのに、経産省の審議会で、再処理費用を電気料金に上乗せする制度づくりが進んでいた。彼らはこれを「既成事実化だ」と批判していたのだ。

「19兆円の請求書」の内容はわかりやすいものだった。コストと将来性を考えれば明らかに問題があるのに、行政の無謬性や「大金をかけているのに今さらやめられない」という意識、このプロジェクトから利益を得ている関係者はだれも「見直し」をいわない。それらに対して「これでいいのか」とよびかけるものだった。「自民党議員は電力会社から、民主党議員は電力労連、電機労連から様々な支援を受けている」とも書いていた。

活動をしていた若手はそれまでほとんど原子力部門を担当したことがなかった。新鮮な目で六ケ所プロジェクトを見ると、「なぜこんな経済性のないプロジェクトが止まらないのか」という疑問と怒りから「黙っていられない」という思いだったようだ。最初はあまり目立たないようにしていたが、「19兆円の請求書」の資料が次第に有名になり、彼らの存在が目立つようになった。「経産省は六ケ所を止めようとしている」という発言をしたり、ある新聞社の論説委員会に乗り込んで、再処理工場を動かさないよう訴えたりしたことから、電力業界の反発を買った。活動は役所の上司の暗黙あるいは明確な了解のもとに行われていたはずだが、あるとき突然、圧力がかかった。役人としては自分の意見を言いすぎたのかもしれないが、彼らの行為は、一応「不問にふす」となった。その上で黙認していた幹部ではなく、「反乱を起こした若手」だけが異動となった。メンバーはさまざまな部署に異動、出向し、「19兆円の請求書」事件は終わりとなった。経産省をやめた人もいる。

隠されたコスト試算

「核燃料サイクルは高いのか、安いのか」は次第に大きな焦点になっていった。つまり原発の使用済み燃料をそのまま廃棄する「直接処分」と、再処理してプルトニウムを取り出し、プルサーマルで燃やす「核燃サイクル」では、どちらが高くつくのかという問題だ。

一般的に考えて、ウランの値段が高くなれば再処理コストをかけてプルトニウムを取り出しても利益が出ることになる。しかし、世界で原発が増えず、ウラン需要も増えないいため、サイクルの方が高くつく状態が続いていた。しかし、どの程度高いのか?

1993年にOECD・NEA（原子力エネルギー機関）が出したレポートが最初の本格的な比較だった。ウラン燃料を燃やして発電し、使用したあとの部分（バックエンド部分）を比べる。つまり「核燃サイクル」路線では「再処理・プルトニウム利用・ごみ廃棄のコスト」であり、「直接処分」路線では、「再処理しない燃料の廃棄」である。核燃サイクル路線の方が2・3倍高いというものだった。[*5]

こうしたバックエンド部分だけでなく、発電コスト全体でも比較した。発電コストにかかわる部分では、ウラン燃料の製造や原発建設といった共通項目がたくさんある。核燃料サイクル路線ではプルトニウムを使うことでウランの節約にもなる。バックエンド部分もすべて含めた発電コスト全体で比べると核燃料サイクル路線の方が10〜15%高いことになった。

では日本の条件で考えるとどうなるか。核燃サイクルを議論していた04年、政府は「コストを試算したことはない」と言い続けていた。筆者ら朝日新聞の原発取材班は、政府がかつて試算し、その資料が残っていることを知っていた。資料を入手しようとしたがうまくいかなかった。

福島瑞穂・社民党党首は04年3月17日、参議院の予算委員会で「再処理をしない場合のコストは幾らでしょうか」と質問した。日下一正・経産省資源エネルギー庁長官の答弁は「日本におきましては再処理をしない場合のコストというのを試算したものはございません」というものだった。公党の党首に対しても平気でうそをつく。

そうこうするうち、04年7月に資料のコピーが私たちの手に入り、記事を書いた。[*6] その資料は94年2月4日に開かれた審議会の議事概要と、試算を示した資料だった。[*7] 会合場所は通産省。そうそうたる出席者が並んでいる。資料に書かれているとおりに書くと、委員：生田（主査、エネ研）、池亀（東電）、石渡（動燃）、太田（中電）、鈴木（東大）、鷲見《すみ》（関電）、武田（東海大）、野澤（原燃）、真野（原燃工）、

南（関電）、南（東電）、村田（原文振）、森（原産会議）、ＳＴＡ（科学技術庁）：木阪（動開課長）、森口（核燃課長）、事務局：並木（審議官）、藤島（総務課長）、松井（原産課長）、稲葉（原電課長）、藤富（原管課長）、他。

池亀亮氏は東電副社長になった人だ。石渡鷹雄氏は動燃理事長、太田宏次氏は後の中部電力社長、鈴木篤之氏は東大教授で後の原子力安全委員長、鷲見禎彦氏は後の関電副社長、武田修三郎氏は東海大教授、南直哉氏は後の東電社長、森口泰孝氏は後の文科省事務次官である。電力からは常務、副社長クラスが参加している。

こうした人たちが、資料を見ながらコストについて議論している。資料は「要回収」とあり、厳しい情報管理をうかがわせる。

このときの試算では、ＦＢＲを使って何回も再処理をする「本来のサイクル」で計算している。結果は極めて明瞭なものだった。発電したあとのバックエンドだけを比較すると、「再処理・サイクル」は1キロワット時あたり1・34円で「直接処分」（0・35円）より、3・8倍も高くなった。先のＯＥＣＤの試算では2・3倍なので、差はもっと大きくなった。発電コスト全体での比較はしていない。

ＯＥＣＤの試算より高くなったのは、再処理工場など日本の各施設の建設費は国際平均よりおしなべて高いため、国内での核燃料サイクル全体がいっそう高くなるということだ。

この結果についてどんな議論が交わされたか。当時の会議は非公開なので、資料や発言メモには率直な本音がうかがえる。

（太田：中電）　個々のサイクル施設の試算まで積極的に公開することはいかがなものか。［……］この資料では、２０３０年頃にＦＢＲ商業炉（実用炉）を開発する必要性について説得力のある説明ができない。

（松井：原産課長）　このデータを根拠にＦＢＲを不必要というつもりはない。また、経済性の公開について、［……］発電原価くらいは出さなければならないと思う。

（石渡：動燃）　長計では、２０３０年がＦＢＲ実用化を目指すとの方向で議論を進めているところでもあり、この報告書の公表の仕方には配慮願いたい。また、日本では直接処分について議論されたことはなく話が混乱してしまうのでこの点についても配慮願いたい。

（南：東電）　多少コストが上がるかもしれないが、核拡散抵抗性を高めた方がいい。また、電気料金が若干高くなろうと長期的判断から経営資金を割いても再処理事業に投入していく必要がある。

（武田：東海大）　再処理事業の［……］コスト評価は非常に重要。割高であればコスト低減に努め、なおかつ割高であれば計画の放棄もやむを得ない。政策決定とは路線の選択であり、選択肢としてワンスルー（直接処分）を考えないのは奇妙。

武田氏は「安い方の路線をなぜ考えないのか」とごく普通の指摘をしているが、議論の中では浮いている印象だ。同様の指摘をしていた人は他にいない。

参加者によるこうした議論の前に、事務局（通産省）から「議論の論点」が示されている。これにも驚いた。「本当のこと」を言っているのである。

・直接処分の場合と比較して核燃料サイクル（特に国内）の経済性は、少なくとも短期的には劣っている。エネルギー論からのアプローチは結局、経済性の問題であることから、エネルギー論だけで内外に核燃料サイクル開発の開発理由を説明できるか。
・ウラン資源が短中期的に枯渇または需給逼迫すると予想しにくい状況において、核燃料開発の理由を内外に説明できるか。
・他方、使用済み燃料対策の側面のみを強調し過ぎると、使用済み燃料対策のために再処理施設などに大規模投資を行うことになり、国内的に正当化できないのではないか。この場合、直接処分の方が適当との結論を誘発しないか。
・核燃料サイクルの意義のニュアンスを資源論と使用済み燃料対策の両建てにすることによってやや変更することが、核燃料サイクルに対する国民の意見に悪影響を与える可能性があるか。
・バックエンド対策まで含めた原子力発電コストは、他の電源と比較して経済性の優位を失いつつある。特に国内の核燃料施設を利用する場合はより割高になる。
・最近の米国からの我が国に対する核拡散上の懸念は、我が国が核燃料サイクルを保有するということは、国際核査察の受け入れなど、一定の条件を満たせば、他国が核燃料サイクルを保有しようとした場合、これを認めざるをえなくなるというものである。

要するに「核燃料サイクルを含めた原子力発電は他の電源と比較して経済性の優位を失いつつある」と、はっきりと言っている。このような試算と議論が1994年になされ、それが隠されていた。メディアに流れなければ永久に外に出なかったかもしれない。この会議で話された論点は2013年の現在もほぼ同じであることに驚く。

私は04年当時、この資料を見ていくつかのことを感じた。一つは、委員と役所の出席者はまさに原子力政策の中枢を握る人たちで、口が堅いということだ。試算の有無について騒ぎになっていた時期なのに、だれもが黙っていた。

資料を入手したとき何人かに会議の記憶を確かめたが、資料を回収されていたことと、すでに10年が経っていたためか、クリアには覚えていなかった。「記録通りの発言をしただろう。今でもそう思っているから」という電力関係者もいた。

二つ目は、この会議で出た「サイクルの圧倒的な割高感」に対して危機感が薄いことだ。継続的に議論された形跡はない。これだけ割高で、もっと安い選択肢があるならば、普通の会社だったら、対策を考え、路線を変えようとするだろう。しかし、電力業界にもそうした危機感はない。一定の利益が保証される「総括原価」だからか。そもそも「核燃料サイクル」は国が決めた路線なので変えられないと思っているのか。問題が発生しても、どこが責任をもって解決をめざすのかが不明確な「もたれ合い」の体制になっている。

三つ目は、原子力政策をつくる人たちと、「一般の国民」の大きな距離である。核燃料サイクルが割高であることなどを国民に知らせようとはしない。「それをいうと2030年のFBR実用化がいいにくくなる」「公開には配慮してほしい」など、隠すことばかりを考えている。

この試算が議論された94年当時はどんな時代だったか。ドイツ、米国、英国がFBR計画を断念したのは91〜94年にかけてだった。日本も同じ時期、核燃料サイクルの問題点を認識していたわけである。OECDレポートなどで、核燃料サイクルが割高であることはわかっていたが、「日本は条件が違う」と逃げていた。

確かに日本は違っていた。日本の国内で実施する核燃料サイクルは外国よりもさらに割高だったのである。関係者はそれも認識していた。ただ隠していた。

当時、通産省内ではサイクルがコスト高であることが問題になり、推進派の科学技術庁との間に認識の差が生まれつつあった。議事要旨を見ても、通産省関係者は「公表してもいい」といい、科学技術庁と電力業界は「公表には配慮を」「公表すれば混乱する」などと繰り返している。あまり外部に知られたくないという意識がありありとわかる。

もし、この94年に試算が公表され、コストが議論されていたら、日本のサイクル政策は変わっていたかもしれない。しかし、04年に報道されるまで10年間、隠されていた。

これが日本の原子力政策決定の実態である。表では大々的にお祭りのような原子力長計の改定議論をするが、「本当に微妙で重要なこと」はこうした秘密会議で議論しているのである。「国策民営」の甘え、役所と電力業界の情報独占の問題である。

私は、それだけでなく、こうしたことに関わった個人の責任も問われるべきだと思う。日本にとって大きな問題が存在していることを知れば、一生黙るのではなく、何らかの方法で社会の議論につなげる努力をすべきではないか。外の人は知らないのだから。

利害がほぼ一致し、考えが同じ方向に向いている電力と役所の情報の独占、秘密主義は、その役職に就いている個人にとっては大変に楽な状況かもしれない。しかし、「おかしい」と感じたらどうするか？　だれもが「面倒くさいので黙っておこう」という態度をとれば、政策が変化する可能性を消してしまう。その積み重ねが3・11とその後の被害拡大を招いた。

朝日新聞がコスト試算の内容を報道したあと、経産省はその資料を出し、記者会見で公表した。「探してみたらロッカーにあった」という説明だった。

報道から4日後の7月7日、今度は電気事業連合会が、「94～95年に我々もコスト比較をしていた」と発表し、やはり再処理が高いという資料を公表した。経産省の試算隠し発覚を受けて、「電事連でも調べたところ、6日夜になって書庫から見つかった」のだそうだ。

こういう人たちが情報を独占し、政策決定に関わっている。

おかしな「政策変更コスト」

さて、04年の長計策定会議でのサイクル論争は、どのようなものだったのだろうか。四つのシナリオを考えて、日本にとってはどれがふさわしい路線かを考える形をとった。

（シナリオ1、全量再処理）使用済み燃料は適切な期間貯蔵したあと、再処理する。なお将来の有力な技術的選択肢として高速増殖炉サイクルを開発中であり、適宜に利用することが可能になる。

（シナリオ2）使用済み燃料は再処理するが、利用可能な再処理能力を超えるものは直接処分する。

（シナリオ3、直接処分）使用済み燃料は直接処分する。

（シナリオ4）使用済み燃料は、当面すべて貯蔵し、将来のある時点において再処理するか、直接処分するかのいずれかを選択する。

シナリオ1が現行路線。全量再処理し、FBRサイクルまでをめざしている。その対極がシナリオ3の全量直接処分である。サイクルからの完全撤退だ。

これらをどう考えるか。4つのシナリオをさまざまな項目から評価した。

決定的な項目は「経済性」である。①燃料製造、②燃料を燃やす発電、③バックエンド、に分けて考えた。シナリオ1（全量再処理）のバックエンドは1キロワット時あたり0・93円（①と③を足した核燃料サイクルコストは1・6円）。それを入れた発電コスト全体（①+②+③）は5・2円。

一方、シナリオ3（全量直接処分）のバックエンドは0・32～0・46円（①+③の核燃料コストは0・

9～1・1円）。発電コスト全体では4・5～4・7円になる。

つまり全量再処理の発電コストの方が直接処分より10～15％も高いと出た。バックエンドだけ（③）で比べると、2～2・9倍である。圧倒的な差だ。*8

ここで議論をやめれば、再処理路線を維持する理由がなくなる。そこでさまざまな「工夫」がなされた。このシナリオ1～4をコスト（経済性）だけでなく、次の9項目で比較したのである。

①安全性、②技術的成立性、③エネルギー安定供給、④環境適合性、⑤核不拡散性、⑥海外の動向、⑦政策変更に伴う課題、⑧社会的受容性、⑨選択肢の確保（将来の不確実性への対応能力）、である。

この項目の選び方はなかなか興味深い。そしてこれらで評価した結果を見ると、「全量再処理・サイクルに甘く、直接処分に否定的」な恣意的な文章が続く。

例えば、「技術的成立性」、つまり「技術の用意ができているかどうか」についての評価はこうある。「再処理する場合については［……］現在までに制度整備・技術的知見の充実が行われているのに対して、直接処分については技術的知見の蓄積が不足している」

筆者の意見を言わせてもらえば、「それはそうだろう」である。日本では全量再処理路線をとってきた。「直接処分の研究が必要ではないか」の声は以前からあったが、「日本では直接処分方式を採用しないのだから研究も不必要」という理由で、国は研究そのものを「許してこなかった」のである。それでいて、「準備が足りないではないか」という。

先の94年のコスト試算は「直接処分」との比較である。あんな結果が出ていたのにその後10年間、直接処分の研究をしてこなかった。あるいは「出ていたから」研究をしてこなかったのかもしれない。

では04年の策定会議のあとはどうしたか。やはり直接処分の研究はしていない。選択肢の可能性をつくらないのが日本の原子力路線である。選択肢がないから、当面今の路線を続ける。その後も選択肢の研究をせず、また後年になって路線比較をする。そのときも比較するものがない……。これが日本の原子力路線の決定方法なのである。経産省が直接処分研究の予算を初めてつけたのは3・11後の2013年度からである。大事故が起きるまで動かなかった。

では③の「エネルギーの安定供給」はどうだろう。これについては「全量処理シナリオでは、軽水炉サイクル（プルサーマル）により、1～2割程度のウラン節約効果がある。さらに、将来、高速増殖炉核燃料サイクルに移行できれば、国内に半永久的な核燃料資源が確保できる可能性がある。全量直接処分では資源節約効果がない」としている。

そもそも「1～2割のウランを節約するよりウランを直接買う方が安い」と指摘されているのである。「高速増殖炉サイクルができたらこうなる」というのは昔の教科書を写しているに等しい。それができそうにないところからすべての議論が始まっている。
④の「環境適合性」はさらに興味深い。「再処理は資源の再利用からなる循環型社会の哲学と整合的である。直接処分は循環型社会の哲学との整合性は低い」。ついに「哲学」という言葉が出てきた。「循環するのと循環しないのとどちらがいい？」と言葉のイメージで聞いているだけである。
極めつきは「政策変更に伴う課題及び社会的受容性」、すなわち「政策変更コスト」である。現状の

全量再処理・核燃料サイクル路線から直接処分路線に変えると、さまざまな政策変更が予想される、それはいくらになるかということだ。しかし、その考える内容が少し変だ。こうなる――。

再処理を止めると、まず2兆円以上を使ってきた再処理工場が無駄になる。廃炉費用もかかる。さらに、原発から出る使用済み燃料を六ケ所に運び込めなくなって原発内の保管プールがいっぱいになる。そうなると原発が運転停止に追い込まれる。２０１６年ごろにはすべての原発が停止する。そして代わりの火力発電所を新しく建設せざるをえなくなるのでその建設費、燃料費がかかる――。まるで「風が吹いたら桶屋がもうかる」方式のシナリオでのコスト加算である。

これでいくらかかるか。再処理工場建設費の無駄が2兆１９００億円、代替の火力発電所の建設・発電費が11兆～22兆円、原発から火力に切り替えることで増える二酸化炭素の排出枠を外国からお金で買うとすれば７０００億～1兆４０００億円などである。これによって発電コストは1キロワット時あたり0・9～1・5円かかる（原子力政策大綱から）。これを足せば全量直接処分のシナリオ3の発電コストは、5・4～6・2円になる。一方、全量再処理路線の「政策変更コスト」はゼロだから、発電コストは5・2円のままだ。つまり、路線を変えない方が「安上がり」になる。これに加えて、計算できないが、再処理施設を立地している青森県との間の政治的な軋轢も生じるので、より大変になると結論づけられた。

しかし、プールがいっぱいになって、原発が止まって、火力発電所をつくって……という「桶屋がもうかる」型の思考は荒唐無稽だろう。もし再処理をやめるような大きな政策転換が起きれば、それなりの政策措置が行われる。普通に考えれば、まず実施されるのが、「使用済み燃料保管プール」や乾式貯蔵施設の増設だろう。六ケ所村や各原発敷地内に増設すれば原発を動かせる。それが最も合理的な政策選択だ。それさえも自治体の反対でできないとなれば、「国と自治体の関係」とはいったい何なのかの根源的な問題になる。そもそも日本には稼働率の低い火力発電所がいっぱいあるので、相当の供給力は見込めるし、節電など需要側の対応もあるだろう。そうしたケースもいろいろ考えるべきだと思うのだが、日本の原子力では、こんな議論においても選択肢がないのである。

実際、3・11翌年の2012年夏に何が起きたかを考えてみればいい。50基ある原発（3・11前には54基。福島第一の1〜4号機が2012年4月に廃止）のうち48基が停止していた。それでも、新しい火力発電所をつくらずに乗り切ったのである。既存の火力のフル活動と節電である。火力発電所の建設などの11兆〜22兆円は都合のいい数字を積み重ねたものというしかない。

ともあれ、こうしたレベルの議論によって、核燃料サイクルは「従来路線のまま」になった。04年のサイクル論議を受け、05年に正式決定された原子力政策大綱（このときから長計ではなく大綱という名前になった）の核燃料サイクル部分は次のようになっている。

「我が国においては、核燃料資源を合理的に達成できる限りにおいて有効に利用することを目指して、安全性、核不拡散性、環境適合性を確保するとともに、経済性にも留意しつつ、使用済み燃料を再処理し、回収されるプルトニウム、ウラン等を有効利用することを基本的方針とする」。文章がはっきりしないが、「まあいろいろ問題があっても、できる範囲でやればいいから、サイクルは続行する」ということだろう。

原子力が陥る「慣性力の罠」

原子力関係の企業でつくる日本原子力産業会議（現在の日本原子力産業協会）も積極的に議論に参加した。論争がホットになっていた04年11月には、主張をまとめた「再処理はなぜ必要か？ 核燃料リサイクルに関する民間のポジション」を発表した。当時、「サイクル」より言葉のイメージがいいということで当局側はしばしば「リサイクル」という言葉を使っていた。

再処理することのメリットとしては、ウラン資源は直接処分よりも15％の節約がはかれること、高レベル放射性廃棄物の処分場面積は4分の1程度に小さくなる、などをあげているが、より強く主張したのはこれまでの長い歴史と経過である。

日本では原子力委員会が１９５６年に再処理についての最初の方針を発表し、動力炉・核燃料開発事業団（動燃）がフランスの技術に基づいて再処理技術の開発を行い、茨城県東海村に小型の再処理施設を建設した。

「しかし、カーター米大統領の核不拡散政策によって本格運転開始を前に１９７７年4月～同年9月まで『日米再処理交渉』が行われた。その結果、東海再処理施設ではプルトニウム単体の形で施設から搬出しない（ウランとプルトニウムを混合する）など、より核拡散抵抗性のある運転方法を採用するとの合意によって運転が開始された。その後さらに原子力発電所の建設が活発に行われ、この小型の東海再処理施設では再処理需要を賄えない見とおしとなったため、電力会社は英・仏に総計5000トン余りの使用済み燃料再処理を委託した。さらに電力会社は1980年代初頭から大型再処理施設の建設計画に着手し、六ケ所再処理工場はウラン試験、ホット試験を経て、本格運転に入る見込みである[*9]」

つまり、米国との関係や核不拡散の担保などで大変に苦労して、やっと、国内の再処理工場で再処理を始められる時期にきていることを強調した。

そして、「六ケ所再処理工場の運転が中止あるいは一時停止された場合は[……]、その影響は測り知れない」という。各原発から六ケ所への使用済み燃料搬出が滞って「2015年にはすべての原発の運転ができなくなる見通し」「地元との信頼関係が崩れる」などである。

原産会議が強調したのは、何十年も苦労してやっと国内再処理のスタート地点に立っており、長い時間と巨額のお金をかけて進めてきたプロジェクトは簡単には変えられない、ということだ。ある意味、説得力をもっている。しかし、逆に言えば、たいていの原子力プロジェクトは同じ傾向をもつ。原子力が最も陥りやすい「慣性力の罠」である。04年の議論ではこの「慣性力」が勝った。

結局、04年の議論では、核燃料サイクルのコストのデータが明らかにされ、全量再処理は直接処分よりも、バックエンドだけで見れば2~2・9倍、フロントエンド(燃料製造段階)とバックエンドを加えた核燃料サイクル部分については1・5~1・8倍、発電コスト全体では10~15%高いとわかった。しかし、「政策変更コスト」というおかしな設定での議論が行われ、コスト面でも「全量再処理路線を維持する方が安い」となり、総合的に考えて、従来路線が踏襲されることになった。
この結論について、新聞各紙の社説は完全に分かれた。

・産経新聞「核燃サイクル　路線の維持は良識の表れ／完成した工場を遊ばせておけば月約1億円の維持費がかかる。今後の課題は［……］プルサーマルの早期実施、究極的には高速増殖炉の実用化に全力を」（04年11月8日）
・読売新聞「核燃サイクル　長期的国策として堅持は当然だ／（各シナリオの）評価項目は［……］10項目にわたる。反対論者の意見も踏まえ、理詰めで検討した。［……］『もっと時間をかけた議論が必要』という指摘もある。だが、論点は尽きている」（04年11月15日）
・毎日新聞「核燃料再処理　基本路線決定はあせらずに／政策の基本路線の決定を原子力委員会や策定会議にゆだねるのが妥当かという疑問も浮かぶ」（04年11月2日）
・東京新聞「原子力開発　議論の幅を狭めるな／『政策変更に伴う費用』を前面に押し出せば、一度決めた政策は二度と変更できないことになる」（04年11月13日）
・日経新聞「議論足りぬ核燃料サイクル／1カ月で最終結論というのはあまりに性急で、［……］結論ありきで議論したと言われてもやむを得まい。［……］国家百年の大計も理念を欠いたものとなった」（04年11月13日）
・朝日新聞「核サイクル　選択肢を自ら封じた／いろいろな観点から比較検討したことは買いたい。

「……」（しかし）『政策変更コスト』ばかり強調したのでは、なんのためにいくつかのシナリオを検討したのかわからなくなる」（04年11月22日）

原子力政策、とくにサイクルについて、各紙の意見がはっきり分かれたのは、この04年のサイクル論争を通してだった。産経と朝日は策定会議の議論の前から、立場がはっきりしていた。読売は当初あいまいな部分があったが、「推進」をはっきりさせた。日経は策定会議の議論を通じて厳しくなった印象だ。また、読売と産経が策定会議に委員を送って議論に直接参加した。

14基増設——再び「願望の原発目標」へ

2004年の核燃料サイクル議論を経て、05年に原子力政策大綱ができた。「何年までに原発を何基つくる」といった具体的な計画をやめて、大まかな方針を示すものになったため、長期計画という名前は使わなくなった。

原子力大綱の最大の特徴は、核燃料サイクル批判が盛り上がる中で議論し、「政策変更コスト」という考えを持ち出して、核燃料サイクルの踏襲を決めたことだった。原子力大綱の概要は次のようなものだった。

・核燃料サイクルを推進。使用済み燃料の全量再処理路線を継続する。

・高速増殖炉については2050年ごろから商業ベースでの導入（実用化）をめざす。これが整うまで軽水炉サイクル（プルサーマル）を継続する。
・2030年以後も総発電電力量の30〜40%程度という現在の水準程度か、それ以上の供給割合を原子力発電が担うことをめざすことが適切である。

要するにそれまでの原子力政策の踏襲である。すっきりしないのは30年以降の原子力発電の割合だ。「30〜40%程度かそれ以上」という日本語としてはおかしな表現になっている。40%という数字の意味はなく、「30%以上」とすればすっきりする。関係者に聞いたところ、経産省が「大綱の案」を書いたところ、電力業界が「これではダメ」と言ったという。「30〜40%は現状と同じなのでもっと大きな数字にして欲しい」と変更を求め、経産省が「それでは」と「以上」をつけたのだという。電力業界は積極的な原発増設を考えていた。としても、こうしてつくったのが日本の目標数字とは情けない話である。

原子力大綱がまとまったあと、波が引くように原子力についての論争が沈静化した。これまで見てきたようにあれだけ矛盾に満ちた核燃料サイクルについて、大がかりな論争が起きたが、それでも日本の原子力政策は何も変わらなかった。マスメディアの中でも、あきらめの気分が広がった。

核燃料サイクル反対論を「鎮圧」した国と電力業界は、原子力、エネルギー計画の立て直しに力を入れ、各種計画の整備を進めていく。原子力大綱（05年10月に閣議決定）で定められた基本目標を実現するため、総合資源エネルギー調査会電気事業分科会が開かれ、06年8月、「原子力立国計画」がまとめられた。さらに03年策定の「エネルギー基本計画」を07年に改定、さらに10年に再び改定し、原子力を柱としたエネルギー政策の具体化を進めた。

原子力立国計画は日本の原子力路線の問題点を整理し、ＦＢＲの実用化を２０５０年と遠い将来に押しやることで「積極的で実行可能な計画」につくりなおしたものだ。また、世界は原子力に回帰しつつあるという認識のもとで、日本メーカーによる「原発を外国に売るビジネス」を国が支援するとした。概要は次のとおり。

・電力自由化の時代にも原発が新増設できるように制度を整える。六ケ所再処理工場に続く第二再処理工場の建設の積み立てを始める。
・既設原発の長期間利用。60年間までの運転延長を行う。
・核燃料サイクルの推進。07年に六ケ所再処理工場の運転開始、12年にプルサーマル用ＭＯＸ燃料製造工場の操業開始。ＦＢＲの実証炉は25年ごろに実現、商業炉は50年までに開発。実証炉は「軽水炉と同等のお金までは電力業界が負担、それ以上は国が負担」とする（それまでの「実証炉は電力業界が負担」という方針を変え、電力業界の負担を大きく削減した）。

一方、「エネルギー基本計画」（10年改定版）は、「２０３０年に目指すべき姿」として、原子力中心のエネルギー政策を具体的数字で打ち出した。

・エネルギー自給率（現状18％）及び化石燃料の自主開発比率（日本企業が参画する権益による取引の比率、現状26％）をそれぞれ倍増させる。これらにより、自主エネルギー比率を約70％（現状約38％）とする。

・電源構成に占めるゼロ・エミッション電源（原子力及び再生可能エネルギー由来）の比率を約70％（２０２０年には約50％以上）とする（現状34％）。

これを実現するために、20年までに９基の原発をつくり、30年までに14基以上の原発をつくるとした。そして、原発の稼働率も上げる。稼働率は94年度にいったん84％まで上昇したが、08年度には60％にまで落ちていた。これを、20年までに85％、30年までに90％に上げることをめざす。

結局のところ、２０００年初頭から始まった核燃料サイクル論争は、04年の原子力委員会での議論をピークに強引に「サイクル継続」を導く形で終わった。最大のテーマだった「コスト」については、「サイクルは直接処分よりも割高」と確認されたが、国が「政策変更コストを考えれば高くない」という開き直った理由をつけて突破した。

議論が始まる前は、経産省の中には「軽水炉サイクル（プルサーマル）は必要だが、ＦＢＲサイクルも六ケ所再処理工場の運転も問題」という意見があったが、その声も途中で「鎮圧」され、最後は電力業界と歩調を合わせる形で議論をおさめた。「19兆円の請求書」で若手の経産省職員が提起した問題は

「不発」に終わった。

核燃料サイクル反対派の意見が消えた中でまとまった将来計画は、電力業界、原発メーカー、国の3者がそれぞれの願望を出し合ったものになった。「20年までに9基、30年までに14基の新増設」は普通に考えれば不可能な数字だった。「虚構の数字」がよみがえった。

電力業界の立場からこの間の論争を振り返れば、「六ケ所工場停止論を押さえ込み、議論を押し切った」という形だ。電力業界のサイクルへの認識は、「六ケ所再処理工場の運転は高くつく。しかし、動かさなければ青森県との関係も悪化するし、各地の原発で使用済み燃料があふれる。ならば六ケ所を動かすしかないが、サイクルの負担をできるだけ軽くして欲しい」というものだった。

結果からいえば、電力業界はかなりのものを獲得した。まず、FBRは「実用化」の方針が復活したものの、2030年ではなく2050年と遠い将来になった。当面、本気で考える必要はない。また、もんじゅの次の実証炉について、従来は「電力業界の責任」となっていたが、国の支援が約束された。それも「軽水炉、つまり普通の原発分までは電力業界が負担。それ以上については国が負担」となった。これはかなり楽な約束だ。実証炉は設計もなく、何がいくらかかるか見当がつかない。そもそも本当につくることになるかどうかもわからないものだ。こうして、FBRは再度、「コスト上で問題が起きても止める人がだれもいない」という「国策民営」の陥穽に落ちていく枠組みになった。

これだけの矛盾があっても核燃料サイクル路線は従来路線の踏襲となり、原発の大幅増加の方針が出た。教訓は「日本には原子力政策を本気で変更する意識も、政治的パワーもない」ということではないか。原子力委員会で議論しても「路線踏襲」以外の選択肢はありえない。経産省の総合資源エネルギー調査会も力不足だろう。なにより、政党の中にエネルギー政策の議論がないし、経産省にも「こう変えたい」という強いビジョンがない。どうすれば日本の原発政策は変わるのか――。そう落胆させる核燃料サイクル論争だった。

その状況で福島原発事故を迎えることになる。

＊

世界の状況はどうなっているか。

核燃料サイクルが実現するには二つの前提があったといえる。「ウランが不足する」と「FBRや再処理工場の運転が簡単でコストも安い」である。

1970年代、世界の原発が順調に増える中で、10～20年という近い将来にウランが不足し、値段も高騰すると思われていた。1975年に国際原子力機関（IAEA）が行った予測では2000年時点で高速増殖炉を含む世界の原発規模は20億キロワットほどになると思われていた。現実は1990年以降、伸びが止まり、2012年時点で3・64億キロワットだ。ウラン価格は、変動はするものの大きくは上がっていない。

また、FBRはナトリウム火災など事故が多く、稼働率が低かった。例えば、英国のPFR（運転は74～94年）は稼働率19%、フランスのスーパーフェニックス（SPX、85～98年）は40%、日本のもんじゅ（94年～）もほとんど停止している。さらに、再処理工場の建設コストは高くて稼働率は低く、再処

表１　原発をもつ各国の再処理政策

（米プリンストン大学フォンヒッペル教授の資料から、2012年、原子力の規模：単位：万 kW、%は再処理をする割合）

Ａ：再処理をしているか、計画している国（８カ国）
フランス（6310万 kW、85%）
日本（4420、100%の計画）
ロシア（2360、10%）
ウクライナ（1310、ロシアに委託５%）
中国（1170、20%）
英国（990、90%）
インド（440、50%）
オランダ（50、仏に委託）
（英国、オランダ、ウクライナは再処理を終える方向にある。フランスと日本の将来の再処理は不確実）

Ｂ：他国への再処理委託を取りやめたか、やめようとしている国（11カ国、原子力の規模、計画されていた委託先）
ドイツ（1310万 kW、英仏）
スウェーデン（930、英仏）
スペイン（760、英仏）
ベルギー（590、仏）
チェコ（370、ロシア）
スイス（330、英仏）
フィンランド（270、ロシア）
ブルガリア（190、ロシア）
ハンガリー（190、ロシア）
スロバキア（180、ロシア）
アルメニア（40、ロシア）

Ｃ：再処理をしていない国（12カ国）
米国（１億110万 kW）
韓国（1870）
カナダ（1260）
台湾（500）
ブラジル（190）
南アフリカ（180）
メキシコ（130）
ルーマニア（130）
アルゼンチン（90）
イラン（90）
パキスタン（70）
スロベニア（70）

理コストも高くなった。こうした問題に加えて核拡散の問題がある。

世界の核燃料サイクル政策に詳しい米国プリンストン大学、フランク・フォンヒッペル教授のまとめによると、世界で原発をもつ31カ国のうち、再処理をしているか、計画している国は、中国、フランス、インド、日本、オランダ、ロシア、ウクライナ、英国の8カ国。日本は使用済み燃料の100%を再処理する計画をもつが、これは例外的で、たいていの国は一部を計画している。

また、外国に再処理を委託するか、委託する予定だったが、取りやめた国はドイツなど11カ国。再処理の計画がない国が12カ国だ（**表1**）。

＊1 「現地取材　南アジアの核『簡単で安上がり』な核武装　インドが暴露した『核』の実相」竹内敬二、SCIaS、1998年7月17日
＊2 前掲『原子力の社会史』
＊3 「進まぬプルサーマル計画、佐藤・福島県知事に聞く」朝日新聞、2002年6月11日
＊4 「青森・六ケ所村の核燃再処理工場『撤退』02年に一致　東電・経産首脳が協議」毎日新聞、2011年12月2日
＊5 「『ウラン再処理は使い捨てより高価』OECD・NEAまとめ」朝日新聞、1993年9月25日

＊6 「（時時刻刻）核燃サイクル費用割高の試算、公表せず　経産省、10年間存在否定」「経済性、揺らぐ信頼」朝日新聞、２００４年7月3日

＊7 「第4回総合エネルギー調査会原子力部会核燃料サイクル及び国際問題ワーキンググループ議事概要」１９９４年2月17日、通産省・資源エネルギー庁原子力産業課（会議は2月4日）

＊8 「原子力政策大綱」原子力委員会、２００５年10月11日

＊9 「再処理はなぜ必要か？　核燃料リサイクルに関する民間のポジション」（社）日本原子力産業会議、２００４年11月

第5章　海外の電力自由化と自然エネルギー

1990年代以降、欧州を先頭に、世界は電力市場自由化の時代に入っていった。政治統合を進める欧州連合（EU）にとって、自由化は市場統合のために欠かせない政策だった。それは何もかも自由放任にするのではなく、発電と小売りの自由競争が起きやすいように「規制をアレンジする規制改革」だった。発電部門は自由競争を進める一方、送電線部門を発電部門から引き離して「公共のもの」とし、規制のもとで「発電会社を公平に扱うこと」を義務づける。この「発送電分離」が自由化の核心であり、その後訪れた自然エネルギー時代にもうまく対応できた。

サッチャー改革・英国の自由化

１９７９年に誕生したサッチャー政権は、産業への競争導入を掲げ、「英国病」といわれた不効率な国有企業を次々に民営化していった。通信、ガス、航空、鉄鋼などを民営化させ、その仕上げのような形で電力の民営化、分割を行った。過剰傾向にあった発電所建設を改善して経営をスリム化し、電気料金を下げるのが主な目的だった。

１９９０年に行われたこの英国における電力自由化こそが、世界の電力自由化をスタートさせる号砲だった。サッチャーは「技術的・政治的にもっとも困難だが、同時に公共サービスの民営化と企業再構成の組み合わせが一番進展をみたものは電力供給事業だった」と述べている。[*1]

英国の電力事業は国営で、１９５７年の「電気法」に基づき、全国の発電所と全国の送電網は中央電力公社（ＣＥＧＢ）が運営していた。需要家への配電は12の地域独占の配電局が受け持っていた。どの分野にも競争はなかった。

この改革は、①ＣＥＧＢがもつ火力発電所を「ナショナルパワー」と「パワージェン」の二つの会社にほぼ7対3の割合で振り分ける。原子力は「ニュークリア・エレクトリック」にまとめる、②全国の送電を運用する「ナショナルグリッド」をつくる、③12の配電局は配電と小売りを行う12の配電会社にした。これだけでなく、発電事業にはＩＰＰ（独立系発電事業者、Independent Power Producer）を参入しやすくし、配電部門でも新しい会社の参入を増やした。

英国の改革は、国営の電気事業を「民営化」し、さらに競争を導入する「自由化」を同時に実施した大改革だった。「国営だったからやりやすかった」ともいえるが、自由化のアイデア、安定した政権、強い政治的意思があってこそできた。

英国の民営化・自由化をまとめると、電力事業のうち発電、送電、配電を分離し、発電と配電は新規参入を奨励して競争させる一方、送電は「1国1社」の公営会社をつくって国の規制のもとに運用するというものだ。

送電会社の最大の目的は、すべての発電会社、配電会社を公平に扱うこと、全国の送電網を効率よく運用することだ。これが「発電部門は自由化、送電部門は規制」を原則とする発送電分離（アンバンドリング、unbundling）である。アンバンドリングというのは「ばらばらに切り離す」という意味だ。

小売り部門も1990年に1000キロワット以上の大口から順に自由化を進め、99年に完全に自由化し、すべての需要家が電力供給事業者を選択できるようになった。

英国が自由化を開始する前後、私はロンドンに駐在しており、自由化の議論と実態をかなり詳しく取材した。驚いたのは、激しい論争の中で原発が民営化断念に追い込まれたことだ。サッチャー政権は原発も民営化するつもりだったが、民営化に向けた作業を進める中で、原発の発電コストや廃棄物処理のコストを調べるとそれまでの公表数字よりかなり大きく、原発を抱えた会社は民営化できないとの判断になった。民営化前年の89年、原発のバックエンド（再処理や廃棄物処理など）費用が極めて高く、「発電コストは1キロワット時あたり約8ペンス（当時約18円）で、英国の主力で最も安い石炭火力の発電コストの2倍になる」といった政府の内部文書が暴露されるなど、原発の本当のコストをめぐる議論が沸騰していた。[*2]

結局、原発は「ニュークリア・エレクトリック社」にまとめられ、当面は国営でスタートした。その後、原発を「古い原発」「比較的新しい原発」に分けて別会社とし、時間をかけて段階的に民営化していった。

今では「原発は電力自由化となじまない」はあたかも数学の公式のようにいわれるが、90年の英国の電力民営化・自由化の作業を進める中で壁にぶつかり、初めて露呈した問題である。

原発と自由化の相性の悪さは2種類ある。一つはコスト。放射性廃棄物の処分コスト、建設コストなどが高く、そして不確かなことだ。また世論の反対が強く、自由化された市場では、発電所の建設対象として原発が選ばれにくい。中国など国家が原発を特別に進める国を除き、「電力自由化が進んだ国で原発が増えている国」はない。

もう一つは、原発は夜も昼も同じ量を発電し続ける電源なので時間を区切って電力を売買する自由市場には向かないということだ。英国の自由化では前日、30分ごとに区切られた時間で、必要な電力量が示され、「その時間帯なら○ペニーで○キロワット供給できます」という入札競争をやって必要量を埋めていく。

原発は止めることも、出力を変えることもできないのでそんな競争には入れない。そこで「ゼロペニー入札」をした。すべての時間帯に原発による電気を「ただ」で入札しておく。原発でまかなえない需要分について各社の火力発電所が入札し値段を決める。その値段で原発の電気も買い取ってもらえる、という仕組みだ。苦し紛れの対処だが、原発は、自由化においては、こうした何らかの特別扱いが必要になるということが明らかになったといえる。夜の電力需要が少ない時間帯に、原発の発電量が需要量を超えたらどうなるか、という問題は残る。

自由化によって英国内のエネルギー産業界の地図はどんどん変わっていった。古い石炭発電が閉鎖され、北海油田から出る天然ガスを燃料にした新鋭火力へ急速に移行した。地球温暖化対策にも合致するエネルギーシフトが起きた。90年の英国では石炭発電が69%、天然ガス発電はほぼ0%だったが、99年にはそれぞれ24%、38%になった。これによって英国の二酸化炭素排出は大きく減った。

英国の自由化の最大の特徴は強制的な「全量プール制」だったことだ。プールは電気の取引市場を意味する。つまり、「すべての電気は単一の電気の取引市場（卸売市場）で売り買いする」というものだ。一日を30分ごとに区切り、前日から発電会社は「あす何時の枠にこれだけの電気を売りたい」を申請し、入札して値段を決める。

「時間を区切って入札」。英国の自由化の仕組みが議論されているとき、私にはそれがイメージできず、「日用品の経済理論が、本当にストレートに電気の売り買いに適用できるのか」と半信半疑だった。しかし、英国はこの全量プールを10年間実施した。

そのころの英国の電力事情というのは、自由化を知らない国の人間にとってはかなり珍しいものだった。英国の経済紙「ファイナンシャル・タイムズ」には「今日の電気料金」が30分ごとに区切って載っていた。前日の電力卸売市場での落札額だ。私の資料(2000年11月28日)では、午前0時過ぎは1キロワット時で1・1ペンス(当時の2円弱)と安いが、需要ピークの午後5時からの30分は5ペンス(8円)と、4倍以上だった。[*3] 卸売価格なので地域の配電会社を経て購入する一般家庭ではその変動がそのまま反映されない料金メニューで契約しているが、変動が直接反映される形で買っている大口需要家も多い。「今日の夕方は電気代が高いから工場は早じまいだ」というようなことも起きていた。

英国は10年間の全量プール制度のあと、取引内容がパターン化し、大きな発電会社による市場操作もできるようになったことから、2001年に修正し、新たな制度に移行した。NETA(新電力取引制度＝New Electricity Trading Arrangements)とよばれる。発電者(あるいは小売事業者)と需要家が直接契約できる相対取引も可能にしたものだが、電力取引所(市場)も複数にした。それも民間が運営する。

取引の量としては相対取引が大半を占めるが、毎日、取引が行われて翌日の電気の価格を入札で決めるスポット市場での価格が値段の指標になる。05年からはさらに修正したBETTA(英国卸電力取引制度＝British Electricity Trading and Transmission Arrangements)に移行した。

複雑な仕組みのように思えるが「石油の取引」と同じである。石油はたいていの大口需要家は生産者と長期の相対取引契約で購入するが、スポット市場でも購入できる。先物市場もある。市場メカニズムが反映したスポットでの値段がすべての契約の価格指標になる。消費者はそうした価格変動が複雑に反映されたガソリンを、競争の激しいガソリンスタンドで買う——ということだ。

英国政府が一貫してめざしたのは、発電や配電の市場に多くの事業者を参入させて、さまざまなサービスを創造すること、そして、電気の卸売部分に競争（市場メカニズム）を機能させることで、電気代を安くすることだ。

英国はこうして「電気も日用品のように扱える」という理論に基づいて、制度を設計し、自国で実施し、修正していった。この進取性はたいしたものだ。ほかの国は英国の「社会実験」を参考にしながら自国の自由化を設計したり、一部を取り入れたり、批判したりした。

自由化は英国の電力業界の「顔」を一変させた。資本の流動化も進み、２０１０年時点で英国における大きな電力会社（ガス事業にも進出）は、ＲＷＥ、Ｅ《エー》・Ｏ《オ》Ｎ《ン》（以上ドイツ系）、ＥＤＦ（フランス系）、イベルドローラ（スペイン系）、ＳＳＥ、ブリティッシュガス（以上英国系）がビッグ6と呼ばれる。

ＥＵの中ということもあり、資本も軽く国境を越えて行き来し、欧州の電力業界における寡占化が英国内にも浸透してほとんどが外国系になった。電気事業がかつて国営だったとはとても思えない変わりようだ。これが電力自由化の一つの帰結ともいえる。外資が入ってくることは、もちろん想定済みだ。一方、消費者は配電会社を通じて、電源の種類や電力会社を欧州中から選ぶことができる。

もちろん血も流している。90年の自由化でできたナショナルパワーには1万７２００人の従業員がいたが、直後に７４００人にリストラされ、その後さらに大きく減らされた。そうした後にドイツ系のＲＷＥに買収された。ＲＷＥはドイツでも始まる自由化の時代に必要なリストラのノウハウを学んだという。

地域独占、発送電一貫によって巨大企業であり続けている日本の電力会社から見れば、事業分野がばらばらにされ、スリムにされ、競争にさらされる英国の例は、「こうはなりたくない」の典型かもしれない。私は、「大会社でなくなる」というのが、日本の電力業界が自由化に反対する直感的で最大の理由ではないかと思っている。

欧州の電力会社が寡占化していることを取り上げて、「自由化は結局のところ寡占化に落ち着く」として、「やっても無駄」のような言い方をする人もいるが、それは間違っている。

寡占化にいたる過程では、リストラなどのコスト削減が起き、経済合理性による淘汰、離合集散がさんざん行われ、その結果として市場シェアが再分配されたのであって、市場メカニズムが働かない地域独占で寡占状態を維持している状態の日本とは比べられない。

英国は「10年ごとに電力制度を大改革する国」といわれている。1990〜2001年までは全量プール、2001年からは、「電力取引所での取引を価格指標にしながら主に相対取引で取引する制度」に移行し、そしてさらに2013年ごろから新しい制度「差額精算型の固定価格制度」に移る予定だ。それは、自然エネルギーや原発など低炭素型の電気に対しては、市場価格が低いときには補助で補塡《ほてん》する制度だ。市場を生かしながら、同時に、低炭素型の社会をつくるという政策を実現する方式だ。

2010年代の英国のエネルギー政策の優先課題は、①地球温暖化対策、②エネルギー安全保障、③コストをあまり高くしない、である。なかでも①を重視している。英国は2020年の温室効果ガス排出を1990年比で34%削減することをEUに対して約束している。義務目標をもっているということだ。

さらには２０５０年に80％削減することを国内の義務として国内法で決めている。

英国はこれらの義務目標を達成するため、再再度、世界の先頭をきって電力制度で「社会実験」的な制度をスタートさせようとしているのである。

また、極めて膨大な量の洋上風力発電の建設を予定している。浅瀬に建設する条件を英国政府が整え、外国企業に建設させ、その中で英国での雇用も確保しようとしている。英国を支えてきた北海油田も生産が落ち、80年代以降のエネルギー輸出国の時代は終わり、２０１５年ごろには石油・ガスの半分を輸入する国になると予想されている。

エネルギー自給率を高める必要があり、原発10数基の建設をめざしているが、90年代以降、一基も原発をつくっておらず、本当にできるかどうかは不透明だ。英国はかつて、日本と同じようにＦＢＲでのプルトニウム利用をめざしていたが、断念した。しかし、再処理で出たプルトニウムが使うあてのないまま88トンもたまっている。世界一の量だ[*4]（日本は45トンで世界3位）。英国はプルサーマル計画が可能な軽水炉が一基しかないことからプルサーマルもできない。

電力制度では市場自由化の旗手として、次々と驚くような実験を進める英国だが、原子力政策では失敗し、苦労している。

世界の発送電分離

電力自由化の定義はないが、①発電・送電・配電部門を分離する（発電・送配電・小売りと分けることもある）。発電、配電は競争状態にし、送電は規制の下で運用する、②電気は卸売の段階で市場メカニズムを反映させる、③需要家は電力を選択できる、などだろう。

英国とならんで北欧も早く動いた。ノルウェーは１９９２年に国営だった電力事業を完全に自由化した。このとき発送電を分離し、複数の発電会社、一つの送電会社に分けた。創設した電力取引所はノルドプールとよばれた。

ただ93年に運用を開始したノルドプールは強制ではなく任意のプールであること、近隣国の送電線をつないで大きな取引市場をつくったところが英国と異なる。96年にスウェーデン、98年にフィンランド、99～２０００年にデンマークが参加し、市場を拡大した。この巨大市場で市場メカニズムを反映させながら北欧全体の電力需給の調整を行っている。その後欧州では、国単位あるいは複数の国にまたがる電力取引所が続々とできた。

ノルドプールには、前日に入札する「スポット市場」のほか「先物市場」、そして直前で需給を調整する「リアルタイム調整市場」がある。２０１２年のデータでは、ノルドプールのスポット市場に参加するのはノルウェー、フィンランド、スウェーデン、デンマーク、エストニア、英国が主だが、参加する会社数は２０１２年段階で20カ国、３７０社にのぼる。一般家庭も簡単に電気を買う会社を変えることができる。

ノルドプールにはノルウェーの水力、スウェーデンとフィンランドの原子力、デンマークの風力などさまざまな電源が地域全体でミックスされ、供給量も豊富。このため、多様な電力ビジネスがなりたっている。電力市場が自由化されているところでも電力の多くは市場（プール）ではなく、相対取引で行われるのが普通だが、ノルウェーでは電気の50％がノルドプールを介して売買されている。担当者は「市場の仕組みをきちんと設計しておけばすべての取引をここで行うことができる。相対での取引は不要になる」[*5]と述べている。大変うまく機能しているといえる。

近年、ノルドプールの重要性が増している。欧州では自然エネルギー発電が増え続けており、その変動を調整するには、瞬時に出力を変えることができる水力発電が最も適している。ノルウェーのほぼ100％をはじめ、スカンジナビアでは水力発電が多く、欧州各国はそれらを変動調整の電池として、ノルドプールに期待している。とくにノルウェーの水力発電は、欧州の電力変動を調整する「ジャイアント・バッテリー」（巨大な電池）とよばれている。水力発電所、とくに揚水の設備をもつ発電所は、自然エネルギーなど変動電源の調整に極めて有用である。

＊

EUが域内の制度改革を行うときは、まずいくつかの国が新しい制度を始める。それをEU域内に広げると決まればEU指令を制定して域内全体の義務にする。発送電分離もこの形をとった。

欧州委員会は1987年、EU域内の電気料金格差を縮めるために域内エネルギー市場構想を提唱した。その後、英国や北欧の「実験的自由化」の経験を見て、96年にEU電力指令を制定した。内容は、①発電部門を自由化し競争環境にする、②発電・送電・配電部門の会計分離を行う（会計分離は最も緩い発送電分離）、③小売り部門を段階的に自由化する（03年までに32％）、④独立した送電線の運用者をも

表1　発送電分離の各段階

1	会計分離……発電部門と送電（送電と配電）部門の会計を分離、初期段階の発送電分離
2	法的分離……発電部門と送電部門を別会社（子会社でもよし）にする。ITOが運用 機能分離……送電部門の運用と投資の決定を別組織（ISO、TSO、RTO）（運用分離）　が行う
3	所有権分離…送電網を発電会社と資本関係のない会社が所有する。最も完全な発送電分離

うける（送電線の機能分離）、などだ。達成の期限は2003年だった。

これによってEU全体が大きく電力自由化に歩み出した。発電部門を自由化し、送電部門の運営者は発電者を差別なく受け入れる、将来は発送電分離をめざすという方針がここではっきりと示された。

2003年にはEU電力指令の改正が行われ、送電系統を「法的分離」することを決めた。そして、2009年のEU電力指令の改正で原則的に「所有権分離」をめざすことになり、発送電分離は最終的に決着した。

発送電分離は一般的に、最も緩い分離から順番にいえば、①会計分離、②法的分離（送電会社を子会社など別会社にする）、③機能分離（運用分離とも）ISO、ITO、TSO、RTO（正式名称は後出）など別組織をつくってそこに送電線の運用を任せる、④所有権分離（送電網の所有を別会社に移す）、となる（**表1**）。

会計分離は日本でもすでに行われている。実質的な分離とはいえない初歩的な第一歩だ。

法的分離、機能分離（運用分離）は、その具体的な内容によって発送電分離の度合いが異なるので、言葉だけでは分離の度合いはわからない。所有権分離は、日本のような発送電一体型の電力会社から、送電会社の資本を独立させるので、形式的にも実質的にも完全な分離だ。

所有権分離にいたらない状態で送電線を運用する主体としては、ＩＳＯ（独立系統運用機関、Independent System Operator）、ＩＴＯ（独立送電運用機関、Independent Transmission Operator）、ＴＳＯ（送電系統運用機関、Transmission System Operator）、ＲＴＯ（地域送電機関、Regional Transmission Organization）などがある。

これらはすべて独立して送電網を運用する組織だ。ＩＳＯは米国で、ＴＳＯは欧州でよく使われる言葉だが、ほぼ同様の組織だ。米国では、州をまたぐ広域のＩＳＯをＲＴＯと呼ぶ。ＩＴＯは、送電線が法的分離された状況での送電線運用機関をよぶことが多い。

ＥＵは２００９年のＥＵ指令で所有権分離の時代に入ったが、ドイツやフランスなどの大電力会社を抱える国は所有権分離に反対し、一応ＩＳＯ、ＩＴＯを選ぶ道も残された。[*6]

欧州の中でドイツはもともと、発送電一体型の電力会社が地域独占で営業し、その下に多くの配電会社があった。日本と似ている。原発による発電が8割近いフランスは事実上、すべてが国営だった。この2大国はＥＵが進める発送電分離に抵抗してきたが、ＥＵは国を超えた「ＥＵ指令」という強い権限を使って押し切ることができた。ドイツの巨大電力会社Ｅ・ＯＮとバッテンフォール（本社はスウェーデン）は12年までに、ＥＵ指令の圧力によって、自社の送電部門をベルギーやオランダの送電会社に売却し、所有権分離を達成した。「送電線をもっていても規制が厳しくビジネスにならない」という判断だった。

欧州ではＥＵ指令という武器がある。日本でも今後、自由化の議論が進むが、「電力会社に発送電分離を受け入れさせる権限、政治的パワーはあるのか」という課題がある。

ＥＵが次にめざすのは、まだ弱い国家間の連系線を太くして「ＥＵ域内を一つの送電網とし、一つの電力市場に広げる」ことだ。

＊

米国では１９７８年にすでに発電分野の自由化が始まり、１９９２年「エネルギー政策法」で卸売の自由化、１９９６年にはＦＥＲＣ（連邦エネルギー規制委員会、Federal Energy Regulatory Commission）が「オーダー８８８」を出して送電線の全面開放が義務づけられ、１９９９年の「オーダー２０００」で送電線運用の機能分離が促進された。２００７年には「エネルギー自立安全保障法」で、スマートグリッド補助金をつくるなど、スマートグリッド化、安定供給に力を入れている。スマートグリッドとは、ＩＴ技術を駆使して電力の需要と供給のデータを分析し、電力逼迫時には料金を上げるなどで無理なくピークを抑えるなど、電力需給のシステム全体を効率よく運営するシステムだ。

米国には約３０００社の発電会社があり、支配的な事業者は少ない。配電会社も民営、公営、協同組合などで約３０００社ある。発送電は分離されており、送電設備保有者３００社以上、送電系統運用者は１３０社。このうち支配的な広域送電機関が7機関ある。ＩＳＯ、ＲＴＯとよばれるもので、代表的なものとして、ＮＹＩＳＯ（ニューヨークＩＳＯ）、ＣＡＩＳＯ（カリフォルニアＩＳＯ）、ＰＪＭＩＳＯなどがある。ＰＪＭはペンシルバニア、ニュージャージー、メリーランド3州にまたがる送電網の運用機関。運用の規制はＦＥＲＣが取り仕切っている。

米国では、卸電力は市場で取引され、市場メカニズムを反映した値段になっている。それを小売りする場合の自由化（小売り自由化）は、それを行っている州と行っていない州がある。

欧州、米国はすでに発送電分離が進んでいる。発電における競争が進み、理論的には「安い電力価格」を出す制度になっている。日本の電力会社は、電力自由化に反対するために、「自由化された国では電気代が上昇している」という説明をすることがあるが、電力料金が年とともに上昇傾向にあるかどうかは、燃料費の上昇・下降、電気料金の中に含まれる税金、FIT（自然エネルギー発電の電気を高く買い取る固定価格買い取り制度、Feed-In Tariff）の負担金の割合などが、年とともにどう変化したかが大きく影響する。欧州では一般に税金、FIT費用が高く、さらに年とともに高くなっている。『電力自由化』の著書がある富士通総研の高橋洋氏によれば、家庭の電気料金に占める税金などの割合はデンマークで約60％、ドイツで50％ほどにもなる。そうした国の電気代は日本（税金などが低い）よりは高いが、税金などを抜いた「裸の電気料金」を比べると日本は世界トップクラスの高さになっている。

欧州の自然エネルギー

欧州の自然（再生可能）エネルギーによる発電は、1990年代、地球温暖化が国際政治課題になったことで大きく進んだ。

EU全体では2007年の首脳会議で決まった「三つの20％目標」（トリプル20）を追求している。

・温室効果ガスの排出量を2020年までに1990年比で20%削減する。
・最終エネルギー消費（発電比率ではない）に占める自然エネルギーの割合を20%にする。
・エネルギー効率を20%上げる。

この共通の目標に基づいて、EU各国は能力と条件によって異なる数値目標をEUに対する義務としてもっている。そのほか国内でより厳しい自主目標を掲げている国もある。

欧州が自然エネルギーを大きく増やす理由としては三つある。①地球温暖化対策、②エネルギー自給率の向上（ロシアのガスへの依存を減らす）、③新成長分野として育て、地域の雇用を増やす、である。

自然エネルギーを増やす手段は各国で異なり、90年代に欧州でさまざまな政策が試みられた。そうした政策を比較検討した2000年の論文によれば、FIT方式は、とくにデンマークとドイツにおいて自然エネルギー普及に効果的なことが証明された。一方、「売買できるグリーン電力証書」を発行する方式も有望で、「自然エネルギーを一定の量に増やすのに有効」としていた。[*7] これはあとで詳しく見るRPS（Renewable Portfolio Standard）方式と似ている。

結局、欧州ではその後、多くの国がFITを主要な政策手段として導入するようになり、2000年代の10年で「自然エネルギー先進国」になった。以下では代表的なスペイン、デンマーク、ドイツの特徴を概観する。どの国も発送電分離がなされている。

《スペイン》（電気の半分以上が風力発電のときも）

スペインの送電会社はＲＥＥ（レッド・エレクトリカ・デ・エスパーニャ）で、全国の送電を一社で管理している。スペインの自然エネルギー発電の現状を知るにはこの会社のサイト（http://www.ree.es/）にアクセスするのが一番だ。どの電源でどの程度発電しているかの情報がリアルタイムでわかるようになっている。過去の記録も見ることができる。

ＲＥＥはスペイン全土の系統（送電網）運用と系統強化に義務を負っている。07年に民間会社になったが、政府の管理の下で経営、運用を行っている。

図1　2011年、スペインの発電割合

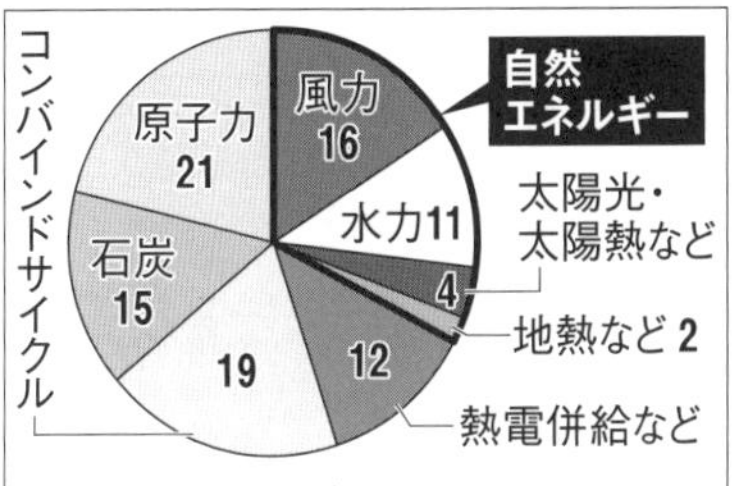

REE社の資料から。数字は%

スペインの国土は日本の1・3倍、人口は3分の1。発電容量は東電と中部電力を合わせた程度であり、日本と一定の比較ができる規模である。

スペインは90年代から風力を柱に自然エネルギーを増やす政策を続け、2005年には14％だった自然エネルギー発電量が11年には33％を占めた。風力が16％と最も多く、水力11％、太陽光（太陽電池3％＋太陽熱1％）4％などだ。なお、原子力が21％、天然ガスのコンバインドサイクル（ガスタービン発電と蒸気タービン発電で2回発電する最新システム）が19％を占める（**図1**）。

出力を変えることができない原子力は、24時間つねに系統に入っているが、自然エネルギーも優先的に使う方針をもっている。供給力の最終

図2　2009年11月8日、スペインの全電力に占める風力発電の割合の時間的変化

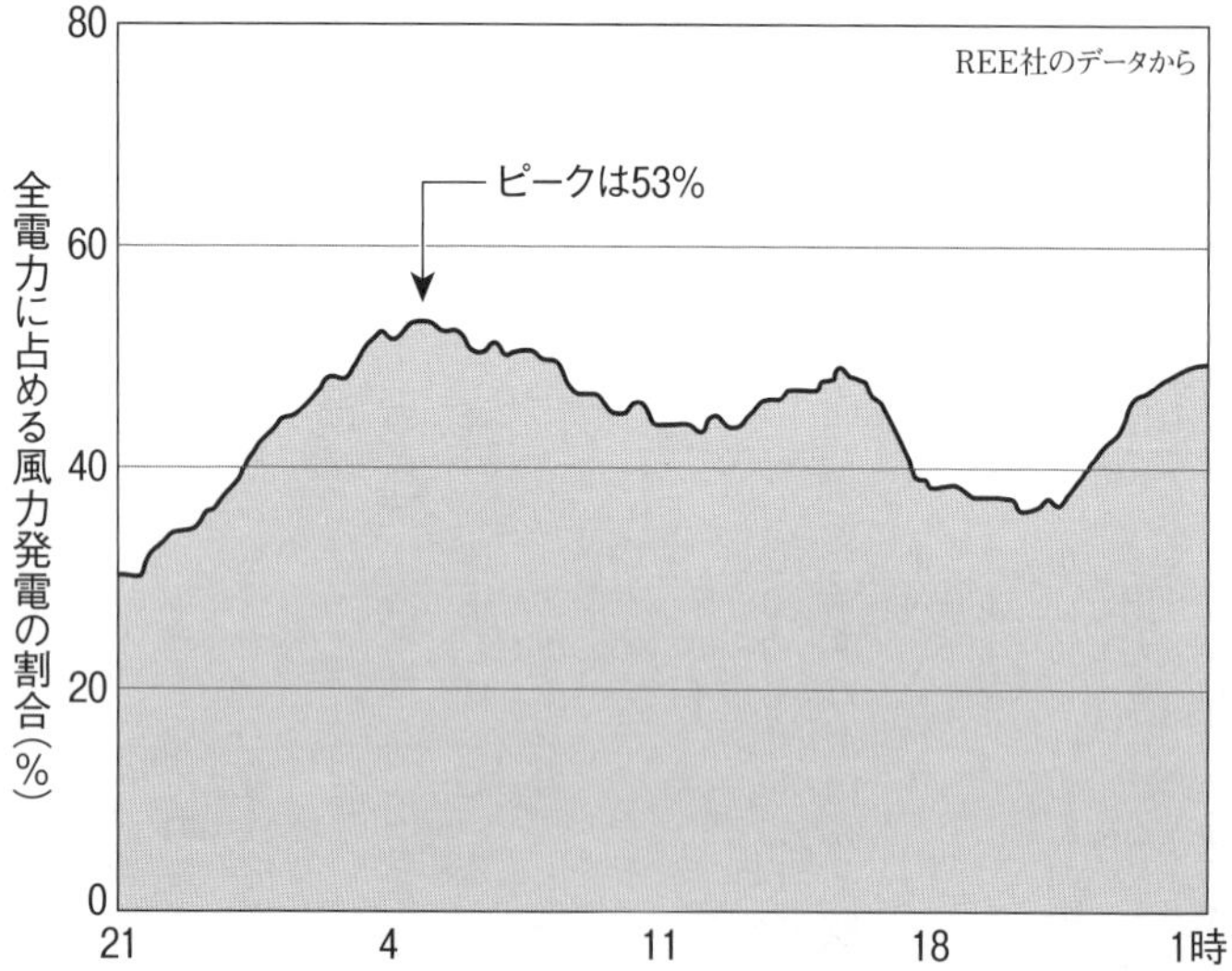

調整は主に、高効率のコンバインドサイクルを使う。

日本では水力を除く自然エネルギーすべてで発電量の1％台だから、スペインの自然エネルギーの量の大きさがわかる。とくに風力発電が多い。風力発電所の多くは「風の大地」とよばれる北西のガリシア地方にあり、その電気を遠く離れた中央部のマドリードなどに運んでいる。

スペインの自慢は、風力を中心にした大量の自然エネルギーの電気を、うまく全国に運ぶ系統（送電線）の運用だ。電力需要が少ない未明の時間帯で風が強いときには、たまに国の全電力需要の50％以上を風力がまかなう。日本では「吹いたり吹かなかったりの風力の電気が系統（送電網）に入れば周波数が変動して電気の質が下がる」という話ばかり聞くが、スペインは軽くこなしている。

マドリード郊外のREE本社には、すべての電力の送電管理を行う制御室があり、その一画に、自然エネルギー専用の送電センター「CECRE」（再生可能エネルギー制御センター）がある。3人が座れるほどの小さな机一つであることに驚く。

CECREでは天気予報などで前日から各地の自然エネルギーの発電量を予測し、それをフルに活用する送電プランをたてる。当日でも直前1時間で調整する。私が訪れた09年の秋、「2週間前、一時、発電の53％が風力だった（図2）。もっと風力の割合が多くても対応できる」と説明していた。12年4月16日には「風力が全電力の60％」の時間帯も記録した。

スペインの送電網の弱点は送電網が孤立に近い状態であることだ。現在はピレネーを越える4本の連系線でフランスとつながっているが、ピーク電力の3％分しかない。建設中の新しい連系線が14年に完成すると6％分になる。EU指令では「10％分を超える国際連系線をもつこと」を奨励している。[*8]

欧州では、北アフリカに大量の太陽熱、太陽光発電所を建設し、地中海を横断する送電線で欧州と結ぶ「デザーテック計画」が進んでおり、スペインはこの計画に積極的に参加している。欧州はデザーテック計画も含め、全欧州を太い送電線（スーパーグリッド）で結び、「一つの送電網、一つの電力市場」をつくる途上にある。送電網の規模を大きくして地域全体の電力供給を安定化させ、各地で発電する分散型電気も吸収しやすい送電網をつくろうとしている（図3）。

日本では狭い国土をさらに10個の地域に分断し、各地域の連系線も原則的に使わない制度だ。向かう方向が全く異なる。

図3　欧州、中東、北アフリカを結ぶ大送電網構想（スーパーグリッド）

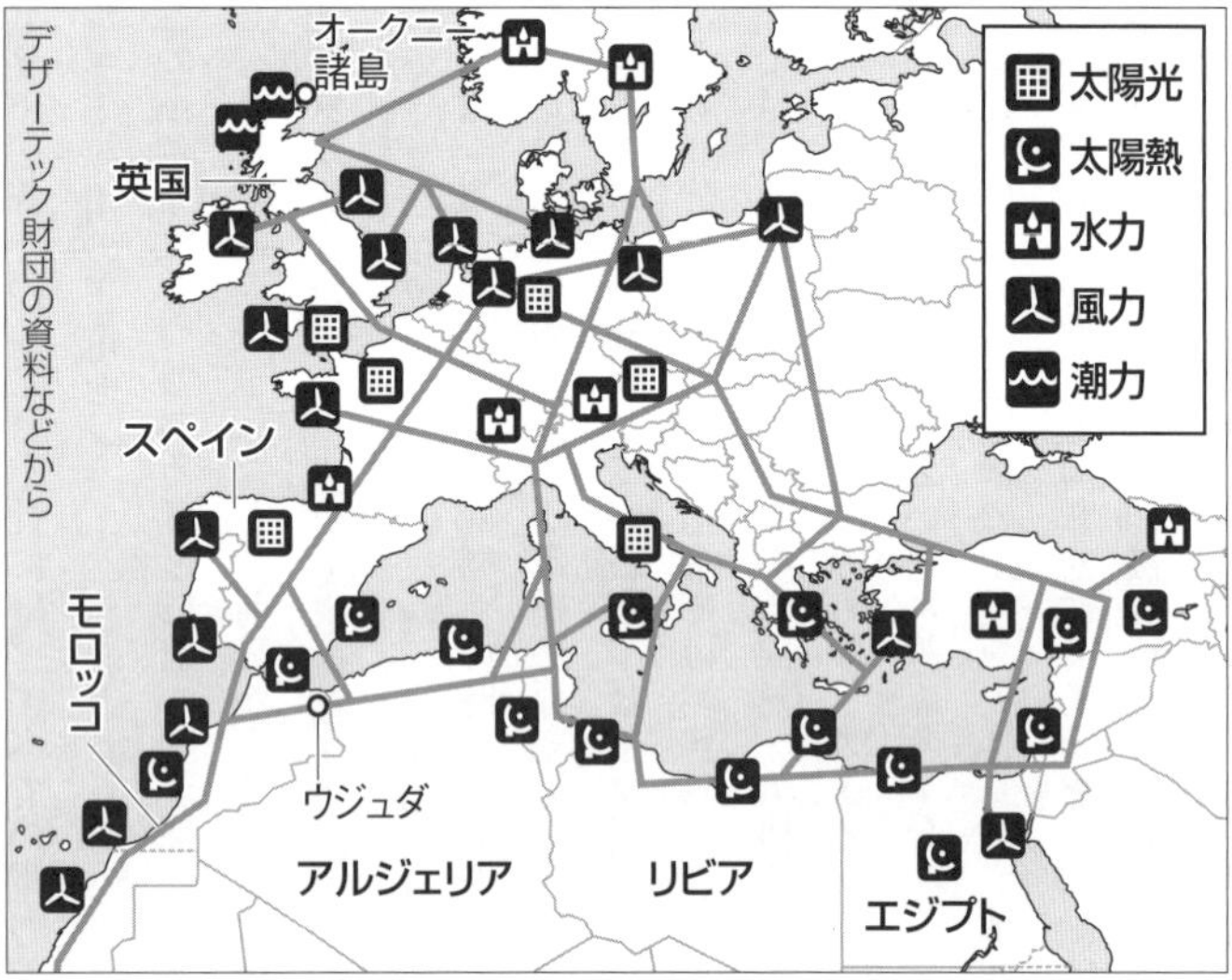

スペインでは風力はもう十分に普通の電気として市場競争ができるが、市場価格が安いときにはその値段に応じて少し下駄をはかせる補助制度「プレミアム価格」を実施している。

太陽光発電では、強烈な建設バブルと直後の国内市場の崩壊という政策の失敗を経験した。05年に、ＦＩＴ制度の条件をよくしたところ、07年、08年は当時のドイツの太陽光発電の買い取り価格より好条件になり、中国製を中心に世界の太陽光パネルがスペインに流れ込んで、メガソーラー（巨大な太陽光発電所）の建設バブルが起きた。

政府はあわてて08年秋に「09年からの買い取り価格を大幅に下げる。導入量も制限する」と表明したところ、新規導入量は08年の２４０万キロワットから09年には７万キロワットに激減した。欧州の太陽光パネル市場にも大混乱を巻き起こした。

スペインの日照時間の長さを勘案すれば、買い取り価格が高すぎたと分析されている。太陽光パネルの生産・流通はグローバル化しているが、FITの買い取り価格は、それぞれの国の電気料金のレベルなどから各国ごとに決められる。「FITの価格設定の難しさ」を示す失敗だった。

太陽電池の生産拠点もグローバル化の中でめまぐるしく動いた。05年には世界の生産量の47％を日本社が占めていたが、09年は14％に下がった。その後、生産拠点はドイツ、中国に移った。12年には、一時飛ぶ鳥を落とす勢いだったドイツのメーカー「Qセルズ」が倒産した。

スペインは国際的に競争力のある風車、太陽熱発電産業を育てることに成功した。太陽光パネルの生産は途上国にもシフトしやすいが、大型化が進む風車の生産では先進国の重工業メーカーが優位を保っている。デンマークのベスタス、スペインのガメサ、ドイツのエネルコン、米国のGE。再生エネ先進国には強い風車企業がある。ガメサはまず、国内需要で成長したが、国内市場の縮小に伴い、欧州市場、中国市場、そして最近では「元宗主国」の強みを生かして南米市場に急速に進出している。

スペインの電力会社イベルドローラ系の自然エネルギー会社「イベルドローラ・レノバブレス」も世界的な巨大企業に成長している。


《デンマーク》（国内市場で世界企業を育てる）

デンマークは人口約500万人、九州ほどの広さしかない小国だが、風力発電と風車製造産業で国を興した、伝説ともいえる成功ストーリーをもっている。

2011年末の段階で、デンマークの風力発電導入量は387万キロワット。日本（250万キロワット）の1・5倍だが、人口割ではダントツの世界一で、風力だけで発電の20％をまかなっている。

デンマークは第1次石油危機のあと風力発電機の製造に力をいれるようになり、81年には風力発電の発電に対する補助（FITに似たもの）を始め、以後電気の買い取り制度を充実させていった。

デンマークの風車産業を一気に大きくしたのは、80年代の米国カリフォルニア州の風力発電計画だった。30キロワット、55キロワットといった、今の大型風車（3000キロワット級）と比べれば非常に小さな風車が多数、カリフォルニアに建設された。

そこで成長した風車メーカーの多くは、農機具メーカーや鉄工所だった。ベスタス社、ボーナス社、ノーデックス社、NEGミーコン社などだった。[*9]

デンマークにおいては原発への反発が元々大きく、1985年には国会が「原子力を導入しない」という決定を行い、同時に代替エネルギーとして風力発電の導入を決定した。

1990年代は、大型風車の開発とともに、国内で風車建設を促すさまざまな制度が確立していった。90年に将来計画である「エネルギー2000」が発表され、将来目標が示された。92年には固定価格買い取り制度が充実し、96年には再度、将来計画である「エネルギー21」が発表された。

デンマークで自然エネルギーを教える「風のがっこう」を主宰していたケンジ・ステファン・スズキさんの話では、風車が増えた最大の理由は、「地元に住む人が利益を得る制度」だった。

まず「風力エネルギーは風が吹く地元の資源」と考える。そこに住む人たちの財産と考えるのは温泉に似ている。地元に居住している人が共同組合をつくって共同で風車を所有すれば電気はＦＩＴによって好条件で買い取られ、短期間で投資が回収できる。[*10]

風力発電が20％と一定の目的を達し、デンマーク市場を全ＥＵに開放するため、２００４年でこの超優遇制度は終わったが、スズキさんの著書によると、05年段階でデンマークの風車のうち、８割近くがこうした個人・共同所有だという。

この制度が優れているのは、農村地域における所得補償にもなったこと、風車建設にともなうマイナス面も自分たち所有者で判断、解決できることだ。「景観が悪くなる」「音がうるさい」といったことも自分たちで判断すれば話が早い。

以前、デンマークの農村で畑に風車が林立している場所を取材したことがある。「農作業がしにくくないですか」と聞くと、「自分の畑だから自分で決めた」という返事が返ってきた。

ドイツの農村でも自宅の庭先に一本風車を建てている家があった。「自分の風車なのでうるさくない」ということだった。

外部から巨大資本が入ってきて風車を建て、利益ももっていくという形では反発も大きい。地域に住む人に優先的に利益を保証する方式は「デンマーク・ドイツ方式」とよばれている。これは日本の震災被災地復興にこそ有用な方法だろう。しかし、日本では、「自然エネルギーによる復興を」とキャッチフレーズだけは躍るが、こうした実質的な、本当に役立つ制度ができない。

逆に、「日本では洋上風車を建てようとしても漁業補償が難しいからうまくいかない」と建てる前からいう人も多い。これも「漁業組合が発電会社をつくれば利益が保証される仕組み」にすれば問題解決は簡単になるし、地元の持続的な産業になる。

デンマークでは90年代、世界に先駆けて国内に風力発電を増やす政策をとり、その過程で国内の風車メーカーの技術競争力を磨いた。これはドイツにもあてはまる。その結果、もとは鉄工所だったベスタス社は長い間、世界トップのシェアを占め続けている。

05年のデータではベスタス風車の世界の市場占有率は28・4％で世界一、従業員1万人、売上高は35・8億ユーロ（約5000億円）。小国のメーカーの信じられない成功物語である。

今も世界をリードするデンマークとドイツの風車メーカーは、1990年代初頭から2000年代半ばにかけての両国の国内市場で競争力を磨いた。この歴史を詳細に分析した水野瑛己氏によれば、その市場には「大きな需要」に加えて、「技術革新を求めるプレッシャー」をもつという特徴があった。そして、そうした市場が近く（国内）にないと技術力は発展しない、としている。[*11]

またデンマークは12年、「20年には国内の電力消費量の50％を風力で発電する」という新たな目標をつくり、洋上風車を大きく増やす計画をスタートさせた。

実は、デンマークが先進的な国内政策で風力世界一の地歩を固めつつあった90年代、太陽光発電の分野において、まったく同じ成功の道を日本が歩んでいた。NEDO（新エネルギー・産業技術総合開発機構）やメーカーにおける世界最先端の技術開発、住宅屋根への政府の設置補助、太陽光発電による余剰分を電力会社が買い取る制度と、バランスのとれた国内政策をもち、太陽光パネルの生産も導入量も「世界の半分」を占める「一人勝ち」の状況が続いていたのだ。

しかし、このピークの状態だった2005年度を最後に、設置補助をなくすという一貫性のない政策をとり、次に見るように主導権をドイツに奪われてしまった。

そのころは、電力会社が太陽光発電の電気を買い取る場合、「家庭の電気料金と同じ価格」で買い取っていた（09年9月からは高い価格）。しかし、パネルを設置する家が次第に増え、その買い取りが電力会社に負担になってきていた。本当ならば、その負担をFIT制度のように、電気料金に薄く載せる選択もあったが、補助金をやめて国内市場を縮め、太陽光発電の普及に水を差した。

《ドイツ》（自然エネルギー発電が原子力を抜いた）

ドイツの太陽光発電が急増し始めたのは、04年に、FITの条件が変わり、投資しやすくなったからだ。爆発的ブームが起きていた06年、オランダ国境に近い北ドイツの農村で、ブールスマさんという酪農家を取材した。04年に、納屋の屋根に、住宅に設置する場合のほぼ10倍にあたる30キロワットの太陽光パネルをつけた。日本のシャープ社製だった。

05年当時は1ユーロ約140円。発電した電気1キロワット時あたり0・54ユーロ（約75円）で買い取ってもらえた。05年の発電量は2万8000キロワット時で、売り上げは約210万円。設置費の約2000万円は10年で回収できる。日照時間の長い南ドイツならばもっと条件がいい。

ブールスマさんは「売電と酪農の稼ぎは同じくらい。牛乳の値段は動くけど、売電は固定収入が保証されるので生活が安定する」と話していた。

こうしてドイツの太陽光発電の導入が一気にのび、05年末で日本を抜いて世界一になった。このドイツにおけるＦＩＴの成功が、欧州各国のＦＩＴ導入を後押ししたといえる。

ドイツは欧州の大国で、発展した工業国でもあり、日本と比較するのにちょうどいい規模の国だ。しかし、自然エネルギーの政策においては、１９９０年以降、違う道を歩んでいる。

ドイツは１９９０年に「電力供給法」を制定し（91年施行）、風力など自然エネルギーで発電された電気を、普通の電気代の９割ほどで買い取る制度を始めた。早い時期の固定価格買い取り制度だった。

その後、１９９８年の総選挙で緑の党が社会民主党（ＳＰＤ）との連立政権を樹立したことで、自然エネルギーの導入が進むことになる。２０００年には「再生可能エネルギー法」（ＥＥＧ）で、買い取り価格が高くなり、風力発電を急増させた。この年、政権と産業界の間で「脱原発」が合意されたこともあり、自然エネルギーが「原発の代替」として認識されるようになった。

ＥＥＧは２００４年８月に改正された。00年に発電の７％を占めていた自然エネルギーは、07年には14％、11年には20％に増えた。

その後も導入は予想以上の速さで増え、12年に改正された「ＥＥＧ２０１２」では、20年までに電気の35％、30年までに50％、40年までに65％、50年までに80％を自然エネルギーでまかなうという、驚くような目標を掲げている。

ドイツの自然エネルギーを増やしたのは、紛れもなくＥＥＧの柱であるＦＩＴだ。ドイツのＦＩＴの特徴は、「自然エネルギーの電気を優先的に送電線に入れる」という優先接続の義務を送電会社に課し、厳しく監視したことだ。

しかし、消費者の負担増加という問題も抱えている。買い取り費用の半分以上は太陽光発電の買い取りにかかる。買い取り価格は下がってきたが電気の総量が増えたので、総費用は膨らんだ。負担の総額は２０００年の約９億ユーロから２０１０年の約89億ユーロ（約９０００億円）と10倍になった。

産業界など大口需要家は電力料金増加の軽減措置があるが、軽減措置が適用されない家庭の負担は、04年の一カ月１・６ユーロから10年の６・４ユーロに増えている。[*12]

ただ買い取り価格は順調に下がっており、04年は太陽光発電１キロワット時で０・54〜０・62ユーロだったが、２０１２年は０・18〜０・24ユーロになった。これはドイツの家庭用電気料金よりも安く、12年の日本の太陽光発電の買い取り価格の半分だ。

自然エネルギーを増やす目的の一つは、雇用の増大だ。ドイツ政府は、２０１０年には自然エネルギー分野の雇用が36・７万人であり、うち26・２万人がＥＥＧ、つまりＦＩＴ制度などによる増加と報告している。電気代の増加と経済効果を勘案しながらの買い取り価格調整が続く。

未解決の難題——自由化と原子力

自由化と原子力は「相性が悪い」。ではどうすればいいのか。

英国はいまだにその悩みの最先端にいる。福島原発事故直後の２０１１年5月、英国の気候変動委員会（ＣＣＣ）は「再生可能エネルギー評価」という大きな報告書を出した。[*13] 今後英国は原発も大規模に増やしていくという内容だった。ドイツは同じ時期に脱原発を決めたことから、両国の姿勢の違いが世界から注目された。

ＣＣＣの報告書の概要は、電源低炭素化の柱として自然エネルギーと原発を重視するということだ。ＣＣＣのデビッド・ケネディ事務局長に話を聞く機会があった。「福島原発事故を詳細に検討した結果、津波や地震など、英国の安全性に直接かかわるものはないということがわかった。地球温暖化と闘うためには、電源を劇的に低炭素にしていく必要がある。２０３０年の発電割合の目標は自然エネルギーが40％、原子力が40％、天然ガス発電が5％、15％はＣＣＳ（二酸化炭素の地中封入）を考えた。そのために30年までに原発15基（１８００万キロワット）をつくる」

私が「英国は80年代を最後に長い間原発をつくっていない。国民の支持が得られるとは思えないが」と聞くと、「とくに電力会社ＥＤＦ（フランス系）は建設に本気で、建設場所も確保しているので有望だ。ともかく原発なしでは今後の温暖化対策が描けない」と強調した。

英国の原発は急速に減っている。英国は商業原発の先駆者だが、原子炉のタイプはマグノックス炉（ＧＣＲ）、改良型ガス炉（ＡＧＲ）とよばれるガス炉（炉心の熱を運ぶ冷却材が水ではなくガス）で、現在世界の主流になっている軽水炉（ＬＷＲ）とは異なる。英国は英国独自のガス炉を約40基つくったが、軽水炉は加圧水型炉（ＰＷＲ）１基だけ。世界の主流が軽水炉になるというトレンドを読めなかった。

ガス炉は寿命が短いので、すでに廃炉段階に入っている。2012年段階で実に19カ所で廃炉を実施中だ。そして、2020年過ぎには、ガス炉はゼロになって、PWR1基しか残らないことになる。ドイツが脱原発を達成するころ、英国は「脱原発宣言」をしないまま、自然減で「ただ1基」の国になってしまう。これで焦っている。

英国では、1990年時点で原発のコストへの疑問が出て原発の民営化に失敗し（その後に民営化した）、90年代の半ばに政府は、「原発をもう建設しない」と表明した。2006年にブレア首相が、建設を再開する方針を打ち出したが、現実の建設計画はなかなか進まないまま時間が過ぎている。

揺れる英国の原発史は先進国の典型である。79年の米スリーマイル島原発事故のあと原発大国である米国で原発の発注が完全に止まり、86年のソ連チェルノブイリ原発事故のあと、欧州で原発反対運動が盛んになった。世界の原発の運転開始のピークは80年代半ばだ。

その状況の中で電力自由化の波がきた。つまり、主要国で原発建設が止まっている間に自由化が進んだので、原発ができないことで困る国もなく、自由化の中で原発をどう扱うかの議論もあまり起きなかった。ましてや「自由化の中で原発を増やす仕組み」が開発されることもなかった。

OECDの原子力エネルギー機関（NEA）の2000年の報告書「競争市場における原子力発電」では「競争市場では長期的な電力コストの予測が困難であるため、長い建設期間と投資コストが大きい原発は他電源と比較して大きな投資リスクを抱える可能性がある」としている。

また日本政府が06年につくった「原子力立国計画」でも「電力自由化が原子力発電投資に与える影

響」について、「総括原価方式主義によるコスト回収の保証がなくなる」可能性、「競争の高まりを背景にコスト圧縮努力の一環として設備投資抑制圧力が高まる」可能性などをあげている。

つまり、原発は建設時間が長く設備建設にかかるコストが高いので運転開始直後の利益率が低い。反対運動が起きやすく廃棄物処理のコストが高騰するかもしれないというリスクもある。したがって自由化になれば「建設対象としては選ばれにくい」ということだ。

さらに原発は、「運転を止められない」という弱点もあるので、自由化となれば、「原発の電気は優先的に使う」などの特別措置が必要になる。

原発大国フランスは、自由化を進めることが自国の利益になるとは思っておらず、EUが進める電力自由化に最後尾からついてきた。「EUが進める電力自由化へのフランス政府の姿勢は『抵抗、抵抗、抵抗』だった」（パリ大学経済学部教授、ジャン＝マリー・シュヴァリエ氏）ともいわれるほど消極的だった。そうやって、事実上国営の電力事業を維持し、原発による発電が8割近くを占める特異な電源構成を維持している。欧州の中では例外的な存在だ。

米国はスリーマイル島原発事故後、国が原発を否定する方針を出したことはないが、建設は止まった。新規の発電所をつくる場合、主にコストの面から忌避されてきた。しかし、中東からの石油輸入が増える中、2005年、ブッシュ政権は包括的なエネルギー新政策を盛り込んだ「エネルギー政策法」をつくった。

特記されるのが原発で、①新規原発建設の建設遅延に対する損失補償、②政府による新規原発への最大80%を融資保証、③新規原発の発電量について1キロワット時あたり1・8セントの生産税控除（いわば補助金）、などだ。主に「最初の600万キロワット分」についての優遇措置は、あまりの好条件に業界は色めき立った。とくに、「1・8セントの優遇」は、絶対に損はしない、といわれる補助額だ。30基近い新規建設計画が提案され、ここから「原子力ルネサンス」という言葉が生まれた。

しかし、その後は順調ではなく、実際に何基が建設に向かうかは不確かだ。障害は建設コストが高いこと。新規の発電所をつくる場合の建設コストを「発電設備1キロワットあたり」で比較すると、米国内では、原発は陸上風力発電所や天然ガス火力発電所より格段に高く、競争力がない。

米国エネルギー省の2010年の予測では、温暖化対策があまり進まない前提で、2035年の米国の原子力発電容量は、10年の1・06億キロワットから600万～1500万キロワット（中央値は1200万キロワット）しか増えないと見ている。[*14]

さらに12年7月には、原発メーカーの米GEのジェフ・イメルト最高経営責任者（CEO）が、原子力発電について「正当化するのは大変難しい」「天然ガスと風力か太陽光発電の組み合わせに多くの国が進んでいる」との見方を示して物議をかもした。

つまり米国の場合は自由化との関係よりも、建設・発電のコストにおける競争力の低さから原発建設がなかなか進まない状況が続いている。10年ごろには「原子力ルネサンス」という言葉も消えた。米国では「シェールガス革命」が進行中で天然ガスの価格が大幅に下がり、新規の大規模発電所は当面、天然ガスと風力だけ、とさえいわれる状況になっている。

ドイツで見る脱原発

「日本とドイツは原子力開発について同じ道を同じ熱意で走ってきたが、現在はかなり違う。すでに再処理工場の建設計画は放棄し、建設された高速増殖炉も運転を断念した」

1992年11月、私のインタビューにドイツ研究技術省のレムザー局長はこう答えた。

日本と同様、石油資源をもたないドイツは、戦後早い時期から原子力開発、それも高速増殖炉（FBR）の開発をめざした。とりわけ核兵器をもたない国がプルトニウムを扱うFBRをめざすには核不拡散を守るうえでさまざまな困難があったが、日独は共同行動で対処していた。

レムザー局長はこうもいった。

「結局、ドイツは高速増殖炉から完全に手を引いた。これは日本にとって大変深刻な問題だと思う。ごく近いうちに日本は高速増殖炉を推進し、運転する唯一の国になるかもしれない。だが、この技術は自動車やエレクトロニクスとは違う。こんな複雑な技術開発が一国でできるのか、技術的パートナーが必要なのかを、日本は考えなければならないだろう。危険を内包する技術の開発には世界に友人や支持者が必要なのではないか。少なくとも『同じことを、違った方法でやっている人たち』がいて、相互検証のできる体制がいるのではないか」

その後の歴史を振り返ると、言葉の重みが増す。日本の核燃料サイクル路線は孤立を深めた。

このインタビューの時点でドイツは、高速増殖炉から撤退を決めていた。その後も原子力離れが続き、

2011年の福島原発事故後に「2022年に原発を完全に停止する」ことを決めた。「同じ道」を走ってきた日本とドイツは、いつ、どこから違ってきたのか。

ドイツの脱原発運動は「緑の党の30年戦争」とよばれる。緑の党は旧西ドイツで80年に結成され、83年に5%条項（得票率が5%に満たない政党は議席を与えられない制度）を突破して、27議席で連邦議会に初進出した。

79年の米スリーマイル島原発事故のあと、ドイツ国内で反原発運動が激化し、原子力計画は相次いで頓挫した。1989年にバッカースドルフ再処理工場の建設計画が中止され、91年には、「もんじゅの姉妹炉」といわれた高速増殖炉「SNR300」が運転直前で放棄された。

とりわけ再処理工場の断念が、ドイツの意気を削いだ。核燃料サイクルは再処理工場やMOX燃料（混合酸化物燃料）製造工場、FBRなどいくつもの施設が必要だ。それをすべて国内でもってこそサイクルの環が国内で閉じる。当時、ドイツの原子力関係者から聞いたのは、「再処理という要の施設を断念して国内サイクルの環が切れた。その再処理を、あまり好きではない隣国のフランスに委託すると決まった時点で核燃料サイクルをめざす熱意が失せた」というものだ。

実際、その後、SNR300が、放射性物質を入れずに試験運転していた段階で、安全を問題にした裁判を起こされて停止し、時間が浪費される中で所有者の電力会社は「先が見えない」と放棄した。またドイツの原子力法では日本と同様、すべての使用済み燃料を再処理する「全量再処理」を義務づけていたが、94年、「直接処分も可能」と改正した。これによって再処理は事実上止まった。

決定的な変化は、98年、社会民主党と緑の党の連合が政権をとったことである。連合政権は選挙後すぐに脱原発に取り組んだ。2000年には政府と電力会社が脱原子力で合意し、2002年に原子力法を改正して、「原発の新設をせず、段階的に撤退する」と決めた。実際には2022年までに廃止する内容だった。

その後、2010年に保守のメルケル政権が「34年ころに全廃」と脱原発の時期を延ばす決定をしたが、福島原発事故後、再度前倒しをして、22年の全廃に戻した（表2）。

留意すべきは、こうした政治の流れとともに、脱原発を可能にする社会制度の改革が継続的に行われたことだ。第一に電力市場の自由化と自然エネルギーの増加だ。

日独の脱原発議論を比較した吉田文和氏の論考では、「ドイツが再生可能エネと省エネに経済的チャンスを見るのに対して、日本は個々の技術要素をもつものの原発への投資額と既得権益が多く、脱原発に新方向を見いだせない」「反核の運動体に関しては、東西ドイツが核戦争の最前線になる恐れから反核兵器と反原発の共同があったのに対し、日本には反原発の強力な全国組織はなく、原水禁運動の分裂のなかで反核兵器運動と反原発運動の連合が形成されなかった」などが指摘されている。*15

私もドイツにおける環境、反核NGOの強さを実感したことがある。94年、ハンブルクにあるグリーンピース・ドイツの本部で、原子力担当者にインタビューしていたところ、しばしば電話がかかり、彼は何度か中座した。聞くと、電話の相手は当時のテプファー環境原子力相だった。その日、グリーンピースの活動家数人が、原子力施設に侵入し、「占拠」していた。その模様はテレビでも放映されていた。

表２　ドイツの脱原子力の歴史

1980年	「緑の党」結成
1983年	「緑の党」が５％条項突破。27議席で連邦議会に進出
1989年	バッカースドルフ再処理工場建設中止
1991年	試運転直前のFBR「SNR300」を放棄
1994年	原子力法改正、全量再処理義務を放棄
1996年	発送電分離のEU指令（会計分離）
1998年	SPD＆緑の党が政権に
2000年	脱原子力を業界と合意
2002年	2022年までの脱原子力を決定
2003年	発送電分離のEU指令（法的分離）、07年までに小売市場の全面自由化
2004年	自然エネルギー買い取りを好条件に
2009年	発送電分離のEU指令（所有権分離）
2010年	脱原子力を緩和（2034年ごろに廃止）
2011年	「福島」で再び脱原子力を早める。2022年までに

テプファー大臣と担当者は、「もう占拠を解いてもいいだろう」「いや、我々の要求は○○だ」と「交渉」していたのである。それを私のインタビュー中に、友人と話すような雰囲気でやっていた。98年のドイツのグリーンピースの賛助会員は約55万人もいた。その数をバックにした社会的パワーだった。しかし、そのドイツでも、脱原発は、緑の党の設立から数えれば30年がかりの社会構造全体を変える闘いだったことがわかる。

ドイツ倫理委員会が２０１１年に脱原発を決めた直接の原因は福島事故だ。ドイツと似た「ハイテク国家日本」での事故に衝撃を受けた。

17人からなる倫理委員会の報告の要点は以下のとおりだった。

①原発の安全性は高くても、事故は起こりうる
②事故になれば、ほかのどんなエネルギー源より

も危険である

③次世代に放射性廃棄物処理などを残すのは倫理的問題がある

④より安全なエネルギー源がある

⑤温暖化問題もあるので、化石燃料の使用は解決策ではない

⑥再生可能エネルギー普及とエネルギー効率の改善で段階的に原発ゼロに向かうことは、経済にも大きなチャンスになる。[*16]

要するに、原発事故のリスクは小さくはなってもなくなることはない。事故になればどうしようもない。それを発電の手段に使う必要はない。原発はしょせん電気をつくる手段であるし、電気をつくる方法はいくらでもある、ということだ。

戦後、冷戦構造の中で核兵器をもってしまった国ともたない国は状況が違うだろう。ソ連のチェルノブイリ原発もそうだが、RBMK（黒鉛減速チャンネル型軽水炉）は兵器用プルトニウムの生産炉を発電用に少し変えたものだった。プルトニウム生産用の炉で「ついでに」発電をしているのである。

核兵器をもつ国は原発や原子力施設をもたざるをえない。しかし、核兵器をもたない国が、発電の手段としてこれほど面倒な原発をもつ必要があるのかという問いがもち上がっている。「ない」というのがドイツの到達した結論といえる。

マルティン・イエニッケ元ベルリン自由大学教授（環境政策学）は06年、私に「民主主義社会で、完

全に自由化された電力市場をもつところでは、原発の新規建設という選択肢はない」といっていたが、ドイツはより進んで積極的に原発時代を閉じる選択肢を選んだ。

＊1 『サッチャー回顧録 ダウニング街の日々』（上・下）マーガレット・サッチャー、石塚雅彦訳、日本経済新聞社、1993年11月
＊2 「英国政府、原発民営化ストップ 後処理費かさみコスト高」朝日新聞、1989年11月10日
＊3 「（電力自由化どこへ：上）『日用品並み取引』目指す」朝日新聞、2000年12月16日
＊4 *International Panel on Fissile Materials January 2012*, http://fissilematerials.org/
＊5 「電力システムを考える」躍、2012年夏号、関西電力
＊6 資料「発送電分離問題を含めた制度改革について」小笠原潤一
＊7 "*Promotion Strategies for Electricity from Renewable Energy Sources in EU Countries*"Reinhard Haas, Dec. 2000, http://www.tuuleenergia.ee/uploads/File/reviewreport.pdf
＊8 「再生可能エネルギーの大幅導入に成功したスペイン その背景に『気象予測』を活用した独自の挑戦あり」小西雅子、天気59（10）、日本気象学会、2012年10月
＊9 「デンマークにおける風力発電機の普及と産業化のプロセス 農機具鉄工所を世界企業に変貌させた技術・組織・制度」北嶋守、機械経済研究39、機械振興協会経済研究所、2008年4月

*10 『デンマークという国　自然エネルギー先進国／「風のがっこう」からのレポート（増補版）』ケンジ・ステファン・スズキ、合同出版、２００６年2月
*11 「風力発電の技術革新と普及を支える市場：デンマーク・ドイツからの教訓－その１」水野瑛己、日本風力エネルギー学会誌、２０１２年11月
*12 「新エネルギー等導入促進基礎調査事業報告書」日本エネルギー経済研究所、２０１２年2月
*13 "The Renewable Energy Review", Committee on Climate Change, May 2011
*14 DOE Energy Outlook 2010
*15 「なぜドイツで脱原発が進み、日本では進まないのか？　脱原発の日独比較」吉田文和、ＷＥＢＲＯＮＺＡ、２０１３年1月9日
*16 「(私の視点) 脱原発『なぜ』の徹底論議必要」ミランダ・シュラーズ、吉田文和、朝日新聞、２０１１年9月3日

第6章　地球温暖化への対応と自然エネルギー政策

1990年代以降、地球温暖化との闘いが世界的なテーマになった。火力発電で二酸化炭素（CO_2）を大量に出す電力業界にとっては死活問題だった。発電効率アップ、原発、天然ガス、自然エネルギー。さまざまなCO_2の削減策があり、各国の電力業界はそれぞれ異なった道を選んだ。日本では電力業界がCO_2の3分の1を出す最大排出源だ。この章では、日本の電力業界は温暖化対策にどう取り組んだか、なぜ、自然エネルギーが増えなかったのかをたどる。

「原発と石炭火力」頼みの破綻

日本が排出している温室効果ガスはCO_2に換算して約13億トンだが、多くは産業界から出ている。日本の大手企業は「ビジネス上の秘密」などとして温室効果ガス排出量の公開を拒んできた。これに対して環境NGOの気候ネットワークは裁判で開示を求めてきた。そして、「だれが日本のCO_2を出しているのか」を突き止め、分析した。例えば、2008年の排出構造は次のようになっている。

①日本の排出量12億8000万トンのうち電力業界の排出総量は4億2000万トン（CO_2換算）で日本の32・8％、鉄鋼業界は1億7000万トンで13・3％。両業種合わせると46％となる。しばしば「2業種で日本の半分」といわれるがそれに近い値になっている。

②電力業界、石炭製品・石油製品製造業、鉄鋼業、化学工業、窯業土石（セメント）、製紙の大口6業種で約7億9000万トン。日本の62％を占める。

③日本の排出の約50％は、約150事業所が出すという極めて集中度の高い排出構造になっている。150のうち、発電所が84事業所（日本の排出の31％）、製鉄所が16事業所（12％）。[*1]

ここでいう排出は「直接排出」だ。電気は発電所でつくられ工場や家庭に送られて消費されるが、工場や家庭での排出ではなく、発電所での排出をカウントするものだ。

日本のトップ5の排出源は、①中部電力碧南火力発電所、②JFEスチール福山地区、③JFEスチール倉敷地区、④新日鉄君津製鉄所、⑤住友金属鹿島製鉄所。

また東京電力は1社で日本の温室効果ガスの6・9%を出している。中部電力は4・0%、Jパワー（電源開発）3・4%、東北電力2・5%、関西電力は原発の寄与が大きいので2・1%と案外少ない。Jパワーは電気の卸会社なのでふだんはあまり名前が出てこないが、大きな電力会社であることがわかる。

1997年、京都議定書が成立し、先進国は国ごとにCO_2など温室効果ガスの削減を義務づけられた。日本は「2008〜2012年の平均」で1990年レベルの6%減が義務目標とされた。米国は7%（しかし、2001年に議定書を離脱して削減義務をもたなかった）、欧州連合（EU）は8%の削減だった。

電力業界、鉄鋼業界がリーダー業界となっている経団連は、京都議定書ができた当初から「日本はそもそも省エネが進んでいる。6%は不平等で大きすぎる値」だとして京都議定書に反発した。2001年に米国が離脱したあとはいっそう反議定書の傾向を強め、経産省の一部の官僚と一緒になって「京都議定書の批准に反対」という運動もした。しかし、当時の小泉純一郎首相の下で日本は議定書を批准し削減義務を実行することになった。ただ、「経団連は自主行動計画で減らす」という方法を経団連がとったため、日本の温暖化対策は少しおかしな形になった。

つまり、国としては6%削減が国際的な義務だが、その達成を、大量に排出している業界団体の自主的な行動に頼ることになったのだ。最大の排出主体である電力業界は「約束どおり削減できなかったら、外国からCO_2排出権（排出クレジット）を買う」と政府に約束した。

電力業界の削減目標は、CO_2排出の総量ではなく、「電気1キロワット時」をつくる際に出すCO_2の量、つまり発電の「CO_2原単位」を減らす目標を掲げた。「2010年のCO_2原単位を1990年より約20％下げる」である。1990年には1キロワット時の発電に0・417キロのCO_2を排出していた。それを2010年には0・340キロに下げる、ということだ。この方法だと、発電量が増えれば排出総量が増えることもありうる。将来の総排出量の変化は見通せないが、ともかく日本の3分の1を出す業界だけに、この自主削減計画は日本の温暖化対策の柱になった。

これを達成する方法として、電力業界は「原発と石炭」に頼ろうとした。自主行動計画をつくった1997年当時、電力業界は約50基（約4300万キロワット）の原発をもっていたが、その後の15年間で約3000万キロワット（原発30基分）の原発増設をめざしていた。

これはかなり無理な目標だったといえる。それまでの「建設遅れ」を取り戻すだけでなく、「温暖化対策もあって絶対に増やさなければならない」として上乗せした机上の数字である。

一方、石炭火力の増設はコスト削減が目的だった。効率がどんどん上がっており、発電コストが安くなっていた。「原発でCO_2を減らし、石炭火力で発電コストを下げる」という戦略だった。

結果はどうなったか。**図1**の棒グラフは90年代以降の発電割合を示している。97年と2010年を比較すると、石炭による発電量は73％も増えた。発電に占めるシェアも15％から23・8％へ大きく増えた。

図1　発電電力量と割合の推移（一般電気事業用）

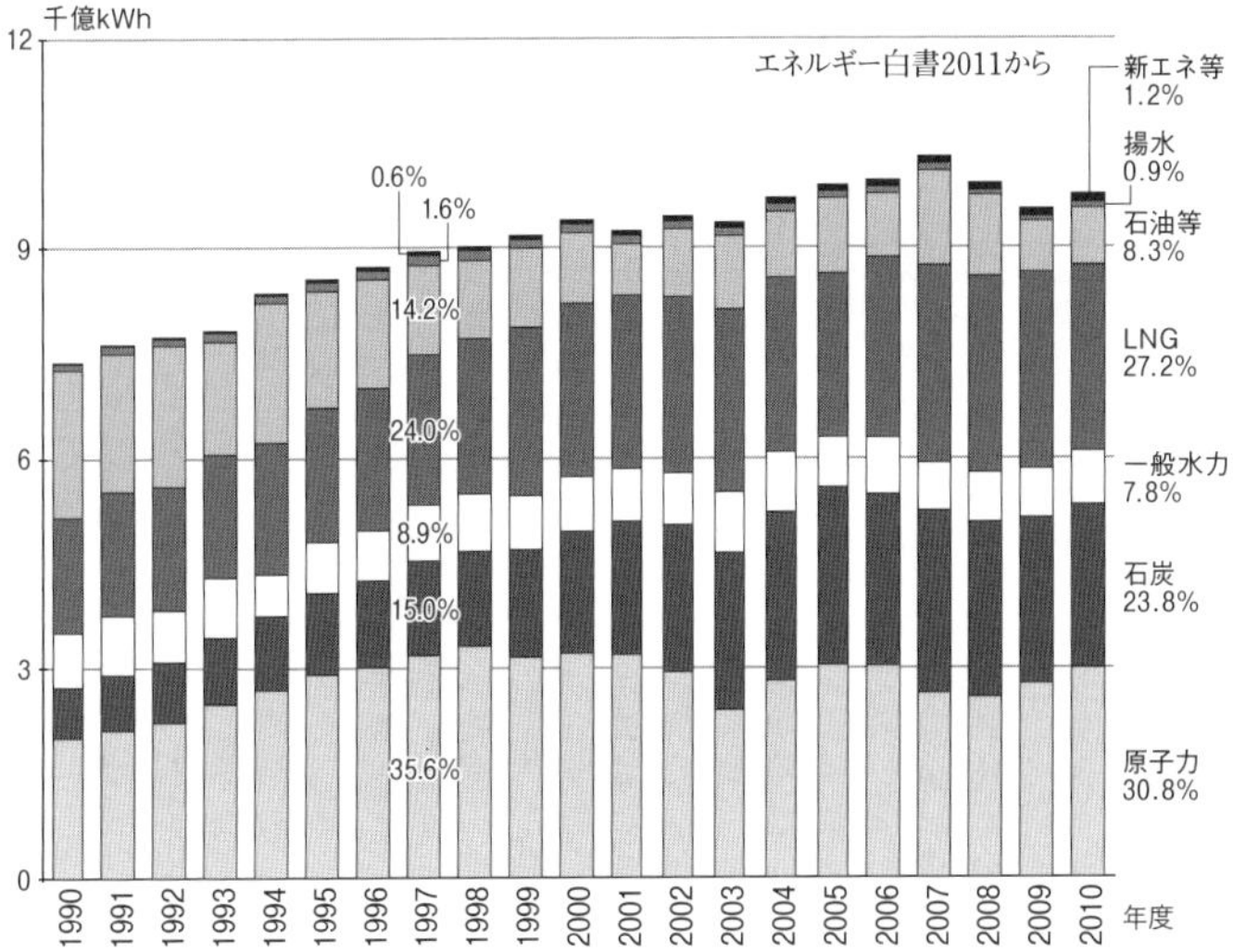

図2　1 kWh 発電時の CO_2 排出量（単位：キログラム）

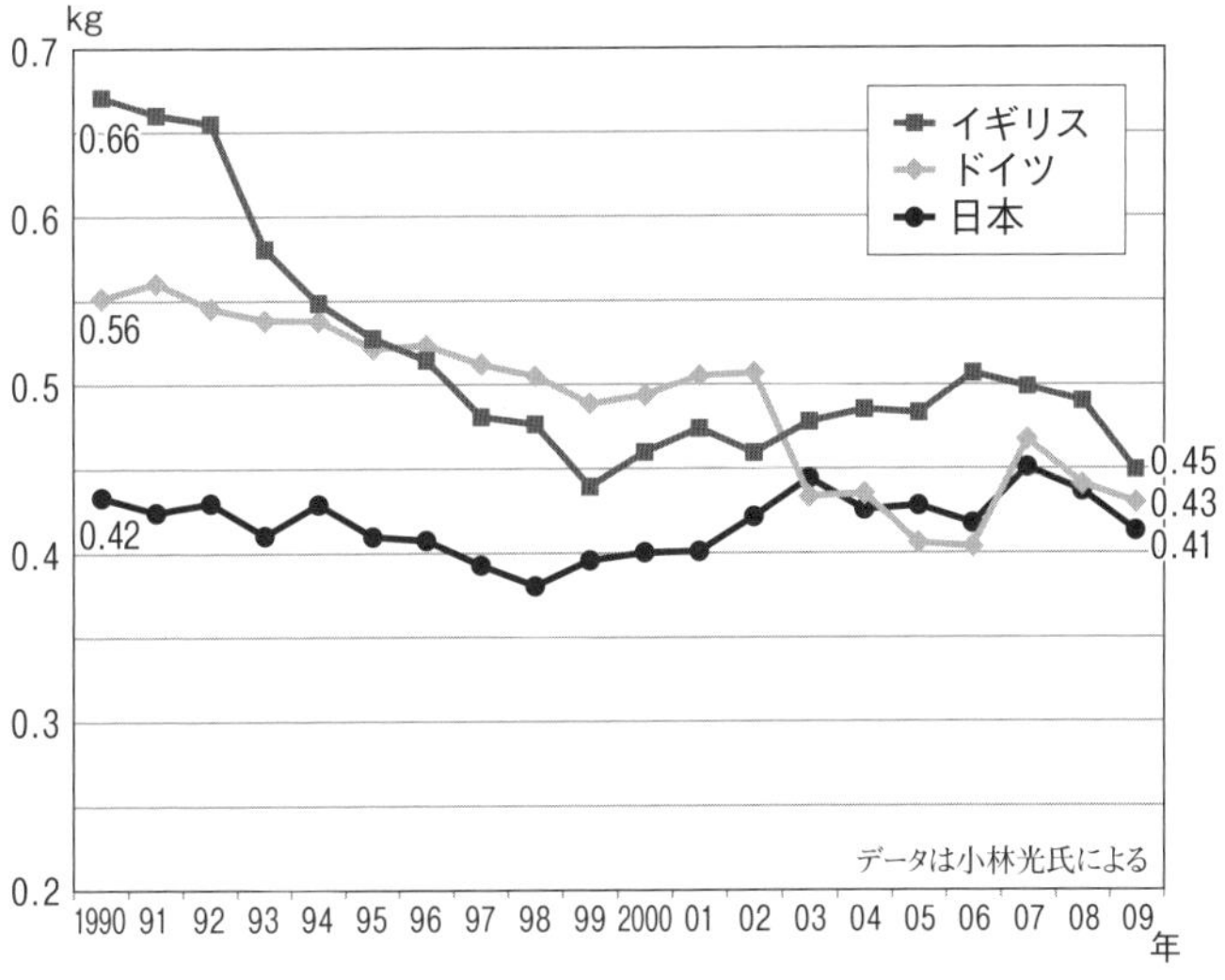

一方、原子力発電所の建設は計画どおりには進まなかった。発電量は増えるどころか6％減り、発電シェアも97年の35・6％から30・8％とかなり落ちた。

肝心のCO_2原単位はどうなったか。1990年に0・417キロだったものが2010年には0・413キロと横ばいでしかなかった。足りない分は外国からのCO_2排出権を購入するが、その負担は極めて大きなものになってしまった。

そして2011年度の電力業界のCO_2原単位は0・510キロに跳ね上がった。原発の多くが止まったからだ。原発がほぼ完全に止まった2012年はさらに跳ね上がる。

結局、石炭火力を増やしてCO_2は増加したが、原発頼りはうまくいかず、CO_2の大幅増加を招いてしまった。3・11という不幸も重なったが、原発に頼る自主行動計画は失敗した。

ドイツ、英国と日本の発電のCO_2原単位を比べると（**図2**）、90年代初めには大きな差があったのに、20年でその優位さを失ったといえる。産業全体で見ても、低炭素型の産業構造への変革にも失敗し、90年代の日本の産業界がもっていた低CO_2、省エネという優位がなくなった。

電力業界が日本の温暖化対策全般を進める牽引車になることはなかった。温暖化を語るのは主に「原発は温暖化防止に役立つ」など原発をPRするときだった。

電力業界と鉄鋼業界の京都議定書への反発は続き、ついに、2011年のCOP17（気候変動枠組み条約・第17回締約国会議）で、日本政府は京都議定書第2期における削減を受け入れることを拒否し、議定書の第2期から脱退した。米国とほぼ同じ立場になったのである。

京都の会議で採択された京都議定書に対しては、多くの国民は「誇り」に思っていたが、経団連は最後まで嫌い、政府もその方向で動いた。そこには大きな意識のギャップがある。

迷走、日本の自然エネルギー政策

世界で自然（再生可能）エネルギーを増やす政策は大きく分けて二つある。電力会社に一定量の自然エネルギーからの電気調達を義務づけるＲＰＳ（Renewable Portfolio Standard）方式と、自然エネルギーによる電気を固定価格で買い取るＦＩＴ（Feed-In Tariff）である。

欧州はＦＩＴで増やしてきたが、米国ではＲＰＳをとっている州が多い。日本では２００３年に始めたＲＰＳでうまくいかず、２０１２年にＦＩＴに政策変更をした。

ＲＰＳは、発電者に一定量の電気を自然エネルギーで調達（発電や買い取り）することを義務づける方法だ。その数字が決まれば発電会社は何とかして義務量を満たすので、目標量には必ず到達する。しかし、それ以上は増えにくい。

一方のＦＩＴは、ある固定価格で決まった年数の間、買い取ることを制度化するもので、ビジネスとして成り立つ価格と買い取り年数を提示すれば、必ず投資は起きる。しかし、買い取り価格が低すぎればだれも投資せず、逆に高すぎればだれでも投資に走って「建設バブル」が起きることもある。ＲＰＳとＦＩＴにはどちらも一長一短がある。

日本では２００２年５月に「新エネ利用特別措置法」（ＲＰＳ法）が成立した。風力、太陽光、バイオマス（ごみを含む）、地熱、小型水力の合計で、義務量を満たすようにする法律だ。

03年から施行されたが、すぐに問題点が露呈した。有力な自然エネルギーである風力発電の建設が進まないのである。この年、北海道電力の風力発電入札に74件、計69万キロワットの応募が押し寄せたが、枠は10万キロワット分しかなかった。東北電力には58万キロワットが応募したがここでも枠は10万キロワット。北陸、九州もあわせ、4電力の合計34万キロワットの募集枠に２０４万キロワットが押し寄せたが、抽選や入札で落とされ、大半は事業化をあきらめざるをえなかった。

07年に九州電力が風力発電の新規事業を募ったときは、13万キロワットの募集枠に計１８７万キロワット、１１６の計画が殺到した。抽選で10計画が当選した。しかし、当選後の折衝で思っていたよりも相当費用がかかることがわかり、6計画で計4万7千キロワット分しか契約できなかった。募集枠の3分の1だ。

08年、東北電力は蓄電池をつける条件で7万キロワット分の風力発電を募集した。抽選で2社が当選したものの、ともに後に辞退した。いずれも「詳細に検討した結果、建設費用がかさみ採算に合わない」との結論に達したという。

２０１０年末に行われた東北電力の抽選会では、募集枠は約26万キロワットだった。そこに約１００件、計約２５７万キロワット分の風力発電の計画が応募した。そのうち5件が当選した。

少ない募集枠に多くの応募があり、「倍率の高いくじ」に当たっても建設をあきらめることが多い——。これは当選後に電力会社から示される送電線建設費や電圧安定設備の設置費用がしばしば予想より大きくなるからだ。

「そもそも事業がくじで決まるのはおかしいでしょう。そんなビジネスがありますか」と、風力発電事業者はいう。「きちんとした準備や経済性のよしあしに関係なく抽選で決められる。クジは事業意欲をなえさせ、事前に大金をかけて検討しにくい」。「日本では風力事業はやってられない」と外国に出る事業家もいる。

つまり、こうした地域に風力発電所を建てたい、発電所が成り立つ十分な風が吹いている、と思う事業者は多数いても、その地域で独占的に営業している電力会社が「発電所をつくっても送電線に受け入れる余裕はない」といえば、風力発電所はつくれないのである。

RPS法ができたときからそうした事態は十分に予想されていた。RPSは東京電力とか北海道電力といった電力会社に、一定割合の自然エネルギー調達を義務づけている。いくら自然エネルギーが増えるかは、その義務の数字によって決まる。その数字がとにかく小さすぎた。

当初、03年から2010年までの値が決まっており、次第に数字が大きくなるように設定されていたが、最初は全電力の0・5%以下で始まり、06年でも0・5%ほど、最終年の2010年でも1・35%にすぎなかった。

風力発電の適地は北海道や東北だが、北海道電力や東北電力は当時すでに十分に義務量を満たすことができていたので、無理をして風力を増やす必要性を感じなかった。

北海道電力や東北電力、九州電力が風力発電事業者という「他社」からわざわざ電気を買って、自社の発電所を休ませる動機がまったくないのである。

したがって、何年かに一度、小さな枠で風力発電事業を募集し、そこで抽選や入札で少数の事業者を選ぶ。そして「これ以上受け入れると電気の変動が大きくなる」といって新たな事業をシャットアウトするという形が続いた。

これを変える方法は簡単である。義務量を増やせばいいだけだ。しかし、数字を決める委員会などでは電力会社の意見が強く反映されるし、そもそも電力会社が「たくさん送電線に受け入れると電力が変動して困る」といえば、技術的な話なので反論もしにくい。

送電線ネットワークの技術情報が、その地域最大の電力会社に独占され、その会社が、ライバル社になる自然エネルギー発電会社の参入を拒否する理由づけに使われている。

地域独占の電力会社が自然エネルギーの事業化を判断する力をもつ――。RPS法の中には自然エネルギー増加を抑える強力なブレーキが内蔵されていたといえる。03年以降の日本のRPS時代は「失われた10年」になった。

これは結果に出ている。世界では1990年代の後半から風力発電が爆発的に増えた。WWEAによる2012年6月段階の設備導入量は、①中国6777万キロワット、②米国4940万キロワット、③ドイツ3001万キロワット、④スペイン2208万キロワット、⑤インド1735万キロワット、となっている（**表1**）。

しかし、日本は2012年末で260万キロワットで、10年前に掲げた「2010年に300万キロワット」の控えめな目標にさえ届かなかった。

一方、欧州ではFITを採用する国が多く、これが導入増加を支えていた。その声に押されるような形で、日本でも2011年、固定価格買い取り法（FIT法）が成立し、2012年7月から制度が始まった。しかし、「強力なブレーキ」はそのままなので、風力の導入は一向に勢いがついていない。

太陽光発電でも日本政府は不可解な政策を行った。これについては第5章でも触れたがさらに詳しく見る。

太陽電池ではかつて、研究も太陽光パネルの導入も日本の独壇場だった。04年まで導入量、太陽電池パネルの生産量とも世界一だった。04年の累積導入量は2位ドイツの2倍もあった。パネルの生産量は05年でも世界の47%あった。

表1

2012年6月段階の風力発電導入量トップ10
（WWEAによる）　（万kW）

1	中国	6777
2	米国	4940
3	ドイツ	3001
4	スペイン	2208
5	インド	1735
6	イタリア	728
7	フランス	718
8	英国	684
9	カナダ	551
10	ポルトガル	439

注　イタリアは2012年5月、フランスが2012年4月段階。日本は2012年末で260万kW

2011年末段階での太陽光発電導入量（IEAによる）
（万kW）

1	ドイツ	2482
2	イタリア	1280
3	日本	491
4	スペイン	426
5	米国	396
6	中国	300
7	フランス	283

それを支えていたのは、住宅の太陽光発電の余った電力を電力会社が買い取る制度（92年開始）と、政府による住宅の屋根への設置補助（94年開始）だ。この先進的な二つの政策が世界で唯一ともいえる国内市場をつくり、大きくし、太陽電池産業を活性化させていた。

そしていよいよ他の国も太陽光発電時代に突入して大競争時代になるぞ、と思われたころ、日本政府はなぜか補助金を打ち切ったのである。05年度が最終年だった。

設置費が安くなるのに合わせて補助も減額されていたので、最後の05年度は発電設備1キロワットあたり2万円で、家庭に3キロワットを設置しても6万円。国の年間予算でも26億円に過ぎなかった。補助をやめたことは、予算の節約というより、「政府が太陽光の支援をやめた」というメッセージとして社会に伝わり、導入は伸び悩んだ。設置補助予算のピークは2001年の235億円。最後の3年間の予算は「前年の半額」の連続だった（**表2**）。

世界の自然エネルギー政策論を語るときに欠かせない「歴史的な政策の失敗例」とされる。

奇しくもドイツは、日本と入れ替わるように、04年に高値、好条件の固定価格買い取り制度を始め、05年に太陽電池の累積導入量で日本を抜いた。日本は当時、研究も生産もダントツのトップを走っていて、日照時間でもドイツより格段に多い。それが逆転したのは政策の違いでしかない。

2007年ごろ、私は日本の電力会社幹部から「太陽光発電の余剰分の買い取りを電力業界としてやめたい。量が増えて重荷になる」と、意見を求められて驚いたことがある。

当時、日本はドイツに抜かれたとはいえ、太陽光発電では世界の先頭集団にいた。余剰電力を電力会

表2　住宅の屋根に設置する太陽光パネルへの年度別予算総額と設備1キロワットあたりの補助額（資源エネルギー庁の資料から）

年　度	予算総額	補助額
1994年度	20億円	90万円
95年度	33億円	85万円
96年度	41億円	50万円
97年度	111億円	34万円
98年度	147億円	34万円
99年度	160億円	33万円
2000年度	153億円	27万円、18万円、15万円
01年度	235億円	12万円
02年度	232億円	10万円
03年度	105億円	9万円
04年度	52億円	4.5万円
05年度	26億円	2万円

＊当初は太陽光パネルの値段が高く設備1キロワットあたりの補助額も多くなっている。2000年度はパネルの値段が急速に値下がりしたため、3回に分け値段を変えた。

社が買い上げる制度が、普及の唯一の支えだった。日本の政府や電力業界は、太陽電池産業の隆盛を「日本の強さ」としてあまり大事にしていなかった。一般の人はだれもが「これから太陽光発電の時代が始まる」「太陽光だけは日本の誇り」と思っているのに、目先の都合で、政府は補助をやめ、電力会社は「買い取りをやめたい」といっていたのである。

ただ、買い取りは電力会社の「持ち出し」で行われていたので、RPS義務量の買い取り負担（05年に電力全体で約450億円）とともに、次第に伸びる太陽光発電の買い取り負担が重荷になり始めていたことは確かだ。

その費用の負担方法を変えることは必要だったが、世界における産業の優位性を維持し、伸ばしながらでなければならない。太陽電池の生産拠点はその後、ドイツ、中国へと急速に動いた。

08年9月にスペイン・バレンシアで開かれた欧州太陽光発電協会の年次大会で開かれたシンポジウムを聞いて、欧州の危機感と「やる気」に私は驚いた。

欧州委員会・エネルギーセンターのジョバンニ・デサンティ所長はこう力説した。「中国や日本と闘い、世界をリードするには、技術力を上げなければならない。欧州は各国の研究資源や条件を持ち寄り、全体で最適化するよう考えて、共同で戦略的な投資と開発研究を加速すべきだ。これは欧州の挑戦というものではなく、我々がこの闘いに勝ちたいかどうかを決めるときがきているということだ」

その年は、FITで高すぎる買い取り価格を設定したためにスペインでメガソーラーの建設バブルが起き、「09年からは買い取り価格を下げ、導入量にも上限をつくる」議論が進んでいたころだ。09年に予想されるスペイン市場の収縮を欧州全体でどう乗り越え、日本、中国とどう闘うかを議論していた。

自然エネルギーが増えない本当の理由

世界の自然エネルギーの柱は風力だ。2011年末の段階で世界の累積導入量は約2億3800万キロワット、約6000万キロワットの太陽電池より4倍大きい。風力は化石燃料と闘えるほどコストが安く、大量の電気が得られるからだ。

しかし、日本では11年末の段階で風力の導入量約250万キロワットに対し、太陽光発電は約500万キロワットと、逆に太陽光の方が2倍も多い。これは稀有な国だ。

先に述べたように、日本の風力発電がここまで少ないのは、日本で風が吹かないからではなく、風力を増やさない仕組みがあるからだ。

電気の買い取り価格も問題だった。風力発電所の電気はその地域の電力会社に買ってもらう。FIT制度が始まる前は、その値段は「ビジネス上の秘密、外に漏らさないこと」という契約になっていることが多いが、かなり安かったようだ。

2007年9月のある日、経産省のビルでOECDの国際エネルギー機関（IEA）が日本の風力事業者から話を聞く会が開かれた。OECDによる日本のエネルギー政策審査の一環で、日本の遅れた自然エネルギー政策をより詳しく聞くための会だった。会議メモによれば——。

冒頭、IEA側の委員が口を開く。

「日本政府は自然エネルギーに対して熱心でないことがわかった。もっと詳しく聞かせて欲しい」

風力事業者「今の最大の問題は極端に低い売電価格だ。電力会社の買い上げ価格が1キロワット時3円では日本の風力発電事業も産業も生きてゆけない」

IEA「風力事業者と電力会社がどういう関係にあるのかわからないが、売電価格の交渉はやっているのか？　価格は経産省が決めるのか？　電力会社が決めるのか？」

風力事業者「電気価格は3円、これは交渉の余地はない。交渉できるのはRPS価格だが、どこと交渉しても約6円。RPSの義務量は低くて電力間の競争が必要ないため、価格が上がらない」「価格は1キロワット時でほぼ10円が上限になっており、期待された市場メカニズムが働いていません」

このやりとりには説明が必要だ。欧州の人間であろうIEA側には、風力事業者が電力会社にお伺いをたてなければならない日本の特殊な文化と制度がよくわからなかったかもしれない。

日本では風力発電の電気はその地域の電力会社に買い取ってもらうが、ほかの売り先はないのだから圧倒的に買い手が強い。そして、買い取り価格は電力会社が横並びで決めているので、発電コストや地域の条件にかかわらず、だいたい決まった額、それも安い額で買いたたかれる。何とかして欲しいが、経産省も動いてくれないので、ＩＥＡという「外圧」に訴えている形だ。

また本当の買い取り価格は3円に「自然エネルギー価格＝ＲＰＳ価格」を足したものになる。この合計の上限が10円。家庭の電気代は22～23円なので、安すぎるといっているのだ。

3円は、「火力発電所のたき減らし代」といわれた。火力発電を稼働しなくて済むコスト、つまり燃料代だ。ＲＰＳ代は「電気のグリーン価値代」だ。電気そのものではなく自然エネルギーで発電したことによる付加価値でＲＰＳ義務を満たすために使う。このグリーン電力証書だけでも独自に売買される。

この価格も電力会社が横並びで6円にしていたのである。

本来は、3円も6円も市場で価格が決まるはずだが、ＲＰＳ義務量が少ないため、電力会社にとっては「別に買わなくてもいい」ものであり、買い手も一社なので、市場も市場競争も起こらず、電力会社が値段を「決める」のである。

このほかにも、風力事業者側から「電力会社間をつなぐいわゆる会社間の連系線を活用すれば、導入量は格段に増えると思われます」など、まるで日本の政府に陳情するような発言が続いた。

ＩＥＡ側には理解できなかったことも多かった。「連系線をなぜフルに使わないのか」といった質問もあった。すでにある設備を使わないのは理解不能だったようだ。

この訴えが、実ったのだろう。翌08年に出されたIEAの日本審査報告書では次のように書かれていた。「送電線を整備すれば、より多くの自然エネルギーを導入できる。日本のように導入が比較的低いレベルにある国にはとくに重要だ」

各電力会社が所有する送電線を、自然エネルギーを受け入れやすいように積極的に整備・運用していないと指摘する内容だった。

RPS時代の特徴は、風力発電所の建設の「許可」も電気の買い取り価格も、実質的に電力会社が決める仕組みだったことだ。そして、そもそも電力会社は風力の電気を増やす動機がない。したがって風力は増えない――。

ただ、米国の多くの州ではこの方法で自然エネルギー発電を増やしている。問題は「枠」の大きさだ。日本のRPSの義務量は発電量の0・5%以下でスタートし、あまり努力をしなくても、義務量を上回る自然エネルギー発電が得られ、余った分は帳簿上で翌年に繰り越せるので「貯金」していた。貯金だけで翌年1年分をまかなえるほど潤沢で、「働かなくても1年間の生活ができる」といわれた。それほど目標が低かったのだ。

しかし、さすがに日本でも「義務量が1%では推進法ではなく抑制法だ。2011年以降はもっと数字を上げろ」という声が次第に高まってきた。

2011年以降の義務量の議論は06年度に行われた。電事連は「これ以上買い取り負担が膨らむと電気料金が高くなる」と主張したが、経産省は「伸ばしたい」と粘った。電力業界では太陽光発電の設置が伸びている九州電力の抵抗が強かった。九州電力の反対を、「60ヘルツ帯のリーダー」である関西電力が代弁した。

経産省の幹部が大阪に出張して関電の森詳介社長（当時）と懇談し、概略の話をつけた。結局、義務量は２０１０年の１・35％から少しずつ伸ばすようにして、２０１４年の１・65％まで漸増するようにした。しかし、これでも微増である。

この数字が話し合いでほぼ決まったころ、電力業界側が「もう少し伸ばしてもいい」という意向を経産省側に伝えたが、経産省が「やめておこう」と判断したという。

その理由は、無理をして伸ばすと、火力発電所に混ぜて燃やす安い輸入物の木材チップの使用が伸びるが、国内の風力や太陽光などの伸びにはつながらない状況だったからだという。木材チップはバイオマス燃料なので自然エネルギーとして認められる。ＲＰＳは「自然エネルギーならば何でもいいから合計で義務量を満たす」ものであり、各種の自然エネルギーがバランスよく導入が進むのではなく、とにかく安い、手っ取り早いものに流れる傾向があった。実際、当初の最大の発電源は、ごみを焼却する熱で電気をつくる「自治体のごみ発電」だった。

そのころ経産省では、自然エネルギーの種類ごとに買い取り価格を変えて政策的にバランスよく導入できる欧州型のＦＩＴをめざすべきだという考えが広がっていた。買い取り価格をあまり高くせず、無理なく伸ばそうという考えだった。

その後、RPSからFITへの政策変更の流れが生まれた。本格的なFIT法の議論が始まり、2010年に法案の形ができ、2011年に成立した。このときは、太陽光の買い取りが42円、ほかの自然エネルギーは15～20円での買い取りが予定されていた。

ここで、事件が起きた。11年11月に買い取り価格を決める委員会の人事案が示されたが、大きな反対が起きたのである。委員5人のうち3人が、法案や制度のあり方に批判的な人たちだったからだ。とりわけ、新日鉄の進藤孝生副社長が問題視された。進藤氏は法案の審議段階で国会に参考人としてよばれ、法案成立に難色を示した。いわば反対派だった。「これでは自然エネルギーを増やす制度なのか、増やさない制度なのかわからない」といった声が、推進派の議員や環境NGOから出た。

驚いたことに、政府は12年2月に人選を変えた。進藤氏の代わりに、環境派の植田和弘京大教授（環境経済学）が選ばれ、価格算定の委員長になった。植田教授は、「事業が成り立ち、バブルも起きない」水準をさがし、各種の自然エネルギー発電による電気の買い取り価格を決めた。極端なバブルが起きるなど、何か問題があれば、すぐに買い取り価格を変えられるようにした。

2012年に実際に値段が決まったが、以前、想定されていたレベルよりは高くなった。太陽光は同じ42円だが、風力23・10～57・75円、中小水力25・20～35・70円、地熱27・30～42円、バイオマス13・65～40・95円になった（**表3**）。

FITが実施されたら、RPS時代とどう変わるか。最大の変化は、買い取り値段が固定価格になり、大きく上昇したことだ。新設の風力発電所では23円（20キロワット以上）と、それまでの風力発電の売

表3　自然エネルギーの買い取り価格と期間

種類	発電設備の能力や種類	価格(1kW時当たり)	期間
太陽光	10kW以上	42.00円	20年
	10kW未満	42.00	10
風力	20kW以上	23.10	20
	20kW未満	57.75	20
水力	1千kW以上3万kW未満	25.20	20
	200kW以上1千kW未満	30.45	20
	200kW未満	35.70	20
地熱	1万5千kW以上	27.30	15
	1万5千kW未満	42.00	15
バイオマス	家畜ふんにょう	40.95	20
	木材	25.20	20
	建築廃材	13.65	20

却価格の倍になる。建設への補助はなくなるが、風力事業者にとっては好条件だ。高く買い取る分は電気料金に広く上乗せするので電力会社の負担にはならない。

しかし、さまざまな心配がある。第一に、「風力発電所をつくっていいかどうか」は相変わらず電力会社が判断することになることだ。FIT法では自然エネルギーの電気を原則的に受け入れなくてはならない決まり（優先接続）があるが、「送電線に受け入れる余裕がない」といわれれば、これまでと変わらない。これがどこまで本当に「優先」されるのか。

二つ目は、自然エネルギーを増やす明確な目標がないことだ。FIT法の内容が激しく議論されていた2010年、「法施行10年後には約3000万キロワットの自然エネルギー導入が増える」という資料が示されていた。ではこの内訳はどうなっているのか。風力はいくら？　太陽光はいくら？　この資料はなかなか見あたらなかったが、探すと出てきた。

驚くべき数字があった。10年後に増えている分「3200万～3500万キロワット」のうち、太陽光発電が約8割の2780万キロワットで残りの2割が風力、中小水力、地熱、バイオマス発電を合わせたものだというのである。風力は280万～530万キロワットだという。

中小水力、地熱、バイオマスはそれぞれ、70万キロワット、50万キロワット、50万キロワットしか増えないとしている。笑ってしまうほど小さな数字だ。「さあやろう」と思っている全国の自治体を少しでもヒアリングすればこんな数字は出てこない。

地熱の資源量は世界のトップ3に入るが利用は低い。「日本は温泉国だから資源はある」と定性的な議論はするものの、本当に増やすための制度づくりを環境省などもやっていない。

日本には太陽以外の自然エネルギー資源がないかのようだ。太陽光発電はコスト的には最も高いのに、そればかりを増やすような計画をつくっているのである。これでは買い取りにかかるお金のほとんどが太陽光で消えて、コストの割には発電量が増えないことになる。

私の考えでは、太陽光以外を抑えようとする理由は、おそらく「地域的に偏在しているエネルギーを増やしたくない」からだろう。太陽光はほぼまんべんなく地域を照らすので、送電線の運用を広域にする必要はない。風力資源は後述するように、北海道や東北地方に集中し、偏在している。これを本格的に利用しようとすれば、連系線を積極的に使い、連系線を補強する方向で考えることになる。地域分断の送電線運用が崩れる。その方向には議論がいかないようにしている。

つまり、最初から送電線の広域運用を避ける方向に議論を誘導している。そのため、風力発電の増加予想は、「現状（２００９年）の年間20万キロワットの2倍のペースで増える」と非常に小さく見積もっていた。北海道や九州でちょっと募集しただけで１００万〜２００万キロワットの応募があるのに小さすぎる数字だ。

ただ、これは東日本大震災・福島原発事故前の議論だ。３・11後は買い取り価格もそれまでの想定より高くなり、さらに12年9月に民主党政権が出した「革新的エネルギー・環境戦略」では、これまでにない大きな普及目標を掲げている。水力を除く自然エネルギーの発電量を２０１０年の２５０億キロワット時から30年には１９００億キロワット時に8倍化する。設備導入量でいえば、９００万キロワットから1億８００万キロワットと12倍に増やす。これが本当に具体化に向かえば、風力も期待がもてる。

誘導された議論

これからの自然エネルギーの政策論議に欠かせないのは、正しい情報だ。過去の議論には恣意的な誘導、おかしな数字と解釈、海外情報の誤った提供などがある。

まず、「日本には風力適地はない」「風力資源はない」という主張の間違いを指摘したい。

２０１０年5月に日本風力発電協会が発表した、風力発電資源の調査報告書によると、「高さ80メートルでの平均風速6・5メートル以上」という条件では、風力発電の潜在量（ポテンシャル）は日本全国で1億６８９０万キロワットある。[*2] これは日本のすべての発電設備の84%にもなる。いわばいくらでもある。このうちの半分が北海道にある。あとは東北、九州に多い。

これは「理想値」だ。現実的な建設の条件を設定すれば数字は小さくなっていく。ただ、「陸上の適地の半分、洋上の1割に風車を建てたとしても8100万キロワット導入できる」という。

日本風力発電協会はこうした数字をもとに、「2050年に日本の電力の10%を風力でまかなう計画」を提唱している。2020年段階で1130万キロワット、2050年で5000万キロワットにする計画だ。その半分が陸上風力、半分が洋上風力だ。

決して夢物語ではない。ドイツはすでに約3000万キロワットの風力発電をもち、電気の8%をまかなっている。スペインは約2200万キロワットをもち、電気の16%をまかなっている。

しかし、日本の電力業界などの議論では「風力資源がいくらでもある」という話は出ない。

東京電力が2010年につくった資料「我が国における風力発電の現状と課題」では、日本の陸上風力のポテンシャルとして640万キロワットという、これまたケタ違いに小さい数字を使っている。[*3]

そして「日本は平地の風況には恵まれないため風車利用率が低い。日本は風況のよい地点が主に山岳地帯のため設置コストは高くなる傾向。NEDO（新エネルギー・産業技術総合開発機構）の試算では640万キロワットの陸上風力のポテンシャルがあるが、近年は適地の減少に伴い、設置コストは増加傾向」「日本の風力発電の導入量が低い水準で推移しているのは、適地が少なく、風力発電自体が高コストであるため」との説明をしている。

こんな誘導された議論に乗ってはならない。そもそも「640万キロワット」という数字が実態を表していない。これはNEDOが2000年に出した数字だが、条件が「地上高さ30メートル、1000

キロワットの風車、自然公園は対象外」などの古い条件、厳しい建設制限で計算したもので、「ポテンシャル」などではない。

現在は風車が大型化し、高さ30メートルのような風車はない。高さ80メートル、羽根の回転半径50メートル、風車の発電規模は2500〜3000キロワットが普通、5000キロワットもある時代である。大型風車の方が高い効率を示す。

そもそもこの東電の資料ではデータの使い方が恣意的だ。NEDOは2010年7月に「NEDO再生可能エネルギー技術白書」を出している。この中で陸上風力のポテンシャルとしては、先の1億6890万キロワットの数字を使っている。

東電がこの資料を知らなかったわけではない。この資料の中にある「近年は適地の減少に伴い、設置コストは増加傾向」という都合のいいグラフと説明はちゃんと使っているのである。「640万キロワット」は、日本の陸上風力のポテンシャルなどでは全くなく、「風力はダメ」という人に便利な数字として存在している。経産省関係のシンクタンクもしばしばこの数字を使う。

風力事業者に「何が建設の障害になっているか」を聞くと、「連系線を使わない送電線の運用」「農地法」「環境アセスメント」がビッグ3という答えが返ってきた。FIT法が華々しくデビューし、多くの人が「これからは自然エネルギーが増えるだろう」と思っている陰でこうした障害が横たわっている。

農地法は太陽光発電が最も大きな影響を受けている。農水省が所管する農地法は「優良農地の他の用途への転用を原則的に不許可」にしている。このため、原発被災地が、使っていない牧草地でメガソーラーをつくろうとしても、風力発電をつくろうとしても農水省は許可しない。[*4]

その運用があまりに厳しい。被災地だけでなく、働き手が減った農村では、せっかくFIT法ができたのだから電気をつくろうという動きがあるが、ことごとく農地法の壁にぶちあたっている。農村で農水省はかたくなに「農地」を守るが、働き手がいなくなった農村では「農業」も「生活」も守っていることにはならない。「農水省は農地を領地だと思っている」という批判が出ている。

環境アセスメントも強化されつつある。それも必要だが、建設計画を固めてから工事を始めるまで40カ月もかかることになりそうだとして、環境大臣が「アセスの迅速化」を求めている。しかし、当の環境省があまり動かない。

そのほか、風力など自然エネルギーに関してはさまざまな「通説」がある。①鳥がぶつかる、②低周波騒音、③発電量が変動するので使いにくい。

バードストライクはどこの国でもあるが、欧州や米国では、鳥の通り道を避けるなどで解決している。少し古いが、米国の風力関係の団体NWCC（米風力調整委員会）が2001年、「鳥はどんな人工物に衝突しているか[*5]」という研究報告書を出している。

それによると、毎年の衝突数は、①車：6000万～8000万羽、②ビルや窓：9800万～9億8000万羽、③送電線：1億7400万羽（最大）、④通信用の塔：400万～5000万羽、⑤風力発電設備：1万～4万羽。

誤差が大きな推定だが、鳥はさまざまな人工物に衝突しているということである。鳥がぶつかるという話も、定性的だけでなく定量的、相対的に考えることが必要だ。

低周波騒音は研究が続いている問題だが、基本的には風車を住宅から一定程度離すことが各国での解決策になっている。

変動は自然エネルギーの本質だから仕方がない。しかし、どこの国でも工夫して克服している。東京や関西など大きな需要地で吸収することがもっとも手っ取り早い解決策だ。

さまざまな法律や仕組みをつくっても、よく見れば「増えない仕組み」が残っている。背景を考えると、多くは「10社の地域独占は崩させない、送電線の全国一体運用はしない」という電力会社の強固な壁に行き着く。電力10社の行動を見ていると、自然エネルギーとは「他社が開発・発電するもので、自らはそれを抑制的に受け入れるもの」としか考えていない。

電力業界は毎年3月に、その年から10年間の電力供給計画を提出し、経産省がそれをまとめて公表する。原発事故の前2010年3月に各社が出した計画を見ると、2009年度の自然エネルギー発電は全体の1・1%だったが、10年後の2019年度の自然エネルギーは1・6%と相変わらず低く、ほとんど増やす気はなかった。[*6]

一方、原発による発電は2009年の29・2%から2019年度は41%に増やす計画だった。原発計画が大きく狂った今、大幅な変更が必要になる。

＊

日本では、風力は北海道、東北、九州に豊富だ。火山国であり、地熱の潜在量も多い。急峻な山が多く、バイオマス、中小水力の資源も多い。日照時間は一年中長く、潮力・波力の可能性もある。私がこれまで取材した限りでは、日本の自然エネルギー資源は多くの先進国と比べてかなり恵まれている。導入が増えない原因は特殊な「制度」にある。

＊1　「日本の温室効果ガス排出の実態、温室効果ガス排出量算定・報告・公表制度による２００８年度データ分析（速報）」気候ネットワーク、２０１０年7月9日
＊2　「風力発電の現状と導入拡大に向けて」日本風力発電協会、２０１０年5月26日
＊3　「我が国における風力発電の現状と課題」東京電力、２０１０年8月12日
＊4　「限界にっぽん第一部　福島が問う政府6：『農地を領地だと思っている』」朝日新聞、２０１２年10月1日
＊5　Avian Collisions with Wind Turbines,National Wind Coordinating Committee（NWCC）Resource Document,2001 Aug.
＊6　「平成22年度電力供給計画の概要について」経済産業省、２０１０年3月31日

第7章　発送電分離が焦点——日本の電力自由化論争

日本でも1994年ごろから通産省が主導する自由化論議が始まった。これは1995年の電気事業法改正（第1次自由化）、1999年の改正（第2次自由化）、2003年の改正（第3次自由化）に結実し、その後も議論が続いた。この間、通産省（経産省）はときに激しく電力業界とぶつかり、本気で自由化を求めた。電力・エネルギー制度の改革は社会構造の大変革につながる。しかし、経産省と当事者である電力業界という「二者だけ」の論争、あるいは政治家を巻き込んだせいぜい霞が関界隈の「パワーゲーム」で決めることの前時代性と限界が浮かび上がった。

外にない。

第1次、第2次自由化――ささやかな競争復活

日本では10社の電力会社が地域独占的に営業している。関東地方では発電所も送電線も東電のものであり、消費者に電気を売って集金に回るのも東電だ。逆に消費者からみれば、電気を買う相手は東電以外にない。

第5章で見たように、欧州や米国では、発電、送電、配電、小売会社は別で、消費者は電力会社だけでなく、「自然エネルギーの電気を買う」など電気の種類を選ぶこともできる。電力市場が自由化された社会と、されていない社会の違いだ。

電力自由化の最大の目的は「電気の売買に競争を導入して価格を下げる」ことだ。自由化の定義はないが、欠かせない要素としては、「発電部門への自由な参入」「発電部門と送電部門を分ける発送電分離」「小売りの自由化」「卸売電気を（一部でも）市場で取引する」があげられる。

資本主義社会において商品は市場で自由に取引され、その中で最適、最安の価格が決定される。しかし、電気、ガス、水道、通信といった公益事業分野は自由化にそぐわないとされてきた。こうした分野では大規模な設備、インフラが必要で、それらが大きくなればなるほどコストが安くなる。こうした「規模の経済」が働いて強くなることを、「自然独占」といい、これが市場の寡占・独占を進めて市場が機能しない状態、つまり「市場の失敗」が起きるとされてきた。世界でもこうした部門は国や公共団体によって運営されるのが一般的だった。

ところが90年代に入り、英国を皮切りに欧米の電力事業で自由化が始まり、案外うまくいっていることで話が変わってきた。

電力事業のうち送電線という巨大インフラ部門を公共のものにして競争からはずし、発電部門に競争を導入することで自由化を進めたものだ。天然ガス火力や風力発電所など、発電所が比較的簡単にできる時代になったことも背景にある。さらに、だれでも電気を調達できる「電力市場」をつくれば、配電部門への参入も簡単になる。

90年代初頭、日本の電気代は欧米よりかなり高いレベルにあった。企業の輸出競争力を上げるためにも、電気代の低廉化は緊急の課題だった。1994年3月、通産相の諮問機関として電気事業審議会が設置され、競争の導入による電力制度の改革議論が始まった。

95年4月の電気事業法改正によって行われた第1次自由化では、発電事業者を少しだけ増やす形の自由化だった。それまで電気を供給する電力会社は、地域独占の10社のほか、電源開発など特殊な少数の卸会社だけだったが、改正によって、IPP（独立系発電事業者）の新規参入が認められた。第2章に示したように、日本は戦前の1930年ごろまでは「電力戦」とよばれる激しい競争をしていた。約65年ぶりのささやかな「競争再開」だった。

ほんの小さな一歩だったが、長い間手つかずで「不磨《ふま》の大典《たいてん》」といわれていた電気事業法を改正した意味は大きかった。

この自由化では、電力会社が一定量の電気をIPPから買う枠を設定した。その枠をIPPが入札し、安い電気を電力会社が買うという形だった。IPPは長期で安定的に発電・供給できる会社という位置づけだったので、鉄道会社や製鉄会社など、すでに大きな自家発電所をもつ少数の企業に限られた。

＊

第2次自由化をめぐる論争のスタートは1997年1月だった。

1月4日、読売新聞1面トップで「OECDが規制改革指針　通信の参入制限を撤廃　電力は発電と送電を分離」の記事が出た。OECD閣僚理事会に提案される規制改革の報告書の原案を報じるものだった。これは後に、OECDに出向中の経産省の改革派官僚・古賀茂明氏が、「知り合いの記者に情報を提供した」と明らかにしている。[*1]

そして3日後の7日、佐藤信二通産相（自民党）が年頭の記者会見で「電力会社の発電、送電の分離はタブーとされてきたが、大いに研究すべきだ」と爆弾発言をした。「発送電分離」は欧州で進みつつあった自由化の核心部分である。日本の電力業界にとって「言葉さえ聞きたくない」というまさにタブーであった。

佐藤大臣は佐藤栄作元首相の次男だ。「発送電分離」は商工族議員だった佐藤大臣の持論だった。

佐藤大臣の爆弾発言のあと、高すぎる日本の電気料金をいかに下げるかの議論が広がった。当時、通産省は「2001年までに企業のコスト水準を国際的に遜色のないレベルにする」との方針をもっていた。通産省は、日本と似たドイツと同レベルにするため電気料金を2割下げる必要があるとし、電力業界は「難しい」と反発していた。発送電分離は「料金値下げの決定打」のように扱われるようになった。

電力業界は大騒ぎになった。通産省は3、4月には欧州に電力自由化の視察団を送った。その報告書は90年に発送電分離を伴う自由化をした英国について、96年度までに料金は実質11・2％下がり、「電力供給が不安定になることはなく、事業者、消費者はおおむね成功として受け止めている」と好意的に分析した。[*2] このあと、通産省と電力業界の対立が高まっていく。

第1次自由化は小さな改革だった。IPPの競争は電力会社に売る電気の安値を競うものだった。IPPは「卸電気会社」だが、ただ、この第1次自由化が「卸電気の自由化」とはいえない。入札はあっても買い手はその地域の電力会社1社である。電力会社が「自分で発電する代わりに第三者が発電する」という形に過ぎなかった。いくらIPPが電気を安く電力会社に売っても、消費者に安い電気がわたるかどうかはわからない。また、電力会社は自社の発電所を使いたいので積極的にIPPを利用する動機もない。

IPP発足1年の時点では、IPPを全く使わない会社もあったし、IPPの発電は全発電量の1％程度だった。ただ、自由化へのドアを開けたという歴史的意味は大きい。

余談だが、電力制度の話ではしばしば「1％、せいぜい2％」といった例に出くわす。「たった1件」という話も出てくる。日本の電力業界は新しい自由化の制度をつくってもたいていの場合使いたくないので、こういう現象が起きる。「制度はあっても実質的には変わらない」ということが多い業界だ。表向きの制度と実質の乖離に本質が隠れている。

さて、「電気料金2割引き下げ」「発送電分離」「発電部門の参入自由化」などのテーマを抱えて97年

7月、第2次電力自由化を審議する電気事業審議会が始まった。

この時代の通産省による自由化攻勢の話に欠かせない名前がある。電力自由化の過程の多くに関わり、後に「最後の大物次官」といわれた村田成二氏だ。1994年、通産省公益事業部長になり、第1次自由化を担当した。97年からの第2次自由化は官房長として関わり、ほぼ自由化論争の過程全般で自由化を後押しし、電力業界と対峙するイメージを残している。

97年といえば、12月に京都で開かれる気候変動枠組み条約・第3回締約国会議（COP3）で京都議定書が採択される年である。自由化論議よりこちらの方が断然注目を集めていた。

さて、第1次自由化は「第三者（IPP）が発電してもすべてその地域の電力会社が買う」という形だったが、第2次自由化は「第三者が発電して第三者が買う」という本当の競争をめざした。それには、送電線を使って電気を遠くに送る制度が必要になる。各電力会社が送電線を他の発電者に貸し出して、お金をとって電気を送る「託送制度」が新設された。

電力業界は第2次自由化の論議で、「発送電分離は絶対認めない」という態度を変えなかった。発送電一貫体制が存続されるなら、発電事業者の参入や小売りの部分自由化をのんでもいいという雰囲気だった。1999年の電気事業法改正で決まった第2次自由化の内容は次のとおり。

①託送制度（送電線の貸し出し）の新設
②大口の需要家（2000キロワット以上）に対する小売りの自由化

③料金の引き下げについては許可制から届け出制に変更
④新制度開始後おおむね3年（2003年3月）経った時点で自由化の実績を見直し、次の方向性を決める

最大テーマの発送電分離は第3次に先送りされた。②の小売りの部分自由化によって、PPS（特定規模電気事業者、Power Producer and Supplier）ができることになった。これは英語の意味のとおり、自分で発電した電気、あるいはほかから調達した電気を、託送制度を使って大口需要家に小売りできる会社である。三菱商事が出資したダイヤモンドパワーやNTTファシリティーズ、東京ガス・大阪ガスが出資したエネットなどが知られている。

託送料金はかなり高く設定されたが、ともあれ、日本の電力市場でもようやく少し競争が起きるようになった。2000年8月の通産省ビルの供給入札でダイヤモンドパワーが勝ったことがニュースになった。ただ、「PPS vs.既存電力会社」だけでなく、9社の中でも競争が行われなければ競争は本物にならない。

2002年3月に行われた仙台市の2施設（浄化センター、中央卸売市場）の電気代入札には、東京電力が参加した。東北電力がメンツをかけて値下げし、落札した。二つの施設の電気代は前年度比でそれぞれ3%、12%と大幅に安くなった。[*3] この入札で東北電力が「東電は本気で取りにきているのか」と怒ったという話は、業界の体質を表している。競争は仁義に反するのである。

その後、2012年の段階で、9電力同士が闘い、他社管内へ売りに行っている例として、九州電力が中国電力管内である広島市内のスーパーに電力を供給している1件しか報告されていない。日本全国でただ1件である。

つまり、9社同士はまったく競争しない。電力会社幹部から「紳士だから競争しない」という言葉を聞いたことがある。さまざまな意味があるだろう。「けんかをしてまで別に他社管内で売る必要はない」「他社管内に売るのは仁義に反する」……。競争をしないのはカルテル的な行為だが、地域独占で保護されたビジネスをしているので、競争する動機がないのである。「制度をつくっても使わない」の典型的な例である。これをもって「自由化されています」とはいえないだろう。このように9電力が競争をせず、電気を融通する託送料金を高く設定していれば、新規参入者が増えることはない。

「黒船」エンロン事件

電力自由化は国内だけの問題ではなくなっていた。そのころ米国は、非関税障壁になっている日本の種々の規制の改革を求めていた。米通商代表部（USTR）からの正式な「規制改革要望書」は2000年と2001年に出された。その中には発送電分離も重要項目としてあった。

本物の「黒船」も来ていた。当時、日の出の勢いだった米国の巨大総合エネルギー会社「エンロン」が、日本の電力自由化を見越して、90年代終わりから、本格的に日本での発電・小売事業の計画を打ち出していた。

青森県六ケ所村に200万キロワットの巨大な液化天然ガス（LNG）発電所を、そして山口県宇部市で50万～100万キロワットの石炭火力発電所を建設し、小売りへの参入も予定していた。日本の電力会社には米国の数倍といわれた託送料の値下げ圧力がかかっていた。「エンロンは9電力会社のうちどこかを買収するのでは」といううわさも飛び、まさに「黒船騒ぎ」だった。2001年5月には発送電分離などを盛り込んだエンロンとしての日本の電力市場改革提言を発表し、日本の自由化がちゃんと進むように目を光らせた。日本のメディアも好意的だった。

一方、日本の電力会社は、米カリフォルニア州で起きた電力危機を自由化反対のPRに使った。カリフォルニア州では98年、一般家庭を含む全需要家に対して小売りの自由化が行われた。また送電線の運用を一手に扱うISO（独立系統運用機関＝Independent System Operator）が設立され、卸電気を売買する取引所（PX）も設立された。

しかし、カリフォルニアでは、2000年夏から2001年にかけて一般家庭の停電や一定の区域を順番に停電させる「輪番停電」が起きた。原因は、PXからの電力買い取りを義務にして（相対取引がなくて）取引に柔軟性がなくなったこと、価格の暴騰を抑えるために価格に上限を設けたことが自由取引の妨げになったことなどだった。

主として「自由化制度の初期の設計ミス」であり、その後、修正されて、問題なく運用されているが、日本では「自由化の本質的な問題点」を話す際のスタンダードナンバーとして10年以上にわたって語り継がれている。

第3次自由化論議を前にした時期、エンロン日本法人のジョセフ・ハール社長は、日本の電力会社から、カリフォルニアの電力危機を理由に自由化を遅らせようという声が出ていることをインタビューで強く批判していた[*4]。

ハール社長は、カリフォルニアの危機は、市場メカニズムが働かない仕組みでの失敗だったが、ほかの国に自由化の成功例はたくさんある、と述べたうえで次のように話した。「欧米の3、4倍の電気代に苦しむ日本の産業界にとって、自由化は緊急の課題だ。日本で電気代が25％下がれば、4兆円の経済刺激策を毎年投入するのと同じ効果になる。自由化は突然降ってわいた話ではなく、遅らせるという議論が日本にあるのは理解できない。電力会社にとっては、自由化を進める方向で正しいモデルを探すのが責任ある態度だ」

しかし、このエンロンは本国で巨額の不正経理、不正取引による粉飾決算が明るみに出て、2001年12月、あっという間に倒産した。黒船はある朝、突然に消えた。

対応策を練っていた電力業界は外圧が消えたことでホッとした。さらに、カリフォルニア電力危機の際、エンロンが電力の卸売価格をつり上げて危機を助長したことも明らかになり、その後、日本の自由化反対論者からは「自由化も悪いがエンロンも悪い」とセットで語られるようになった。

自由化の本質とは関係ないのだが、エンロン事件が雰囲気として日本の自由化のブレーキになったことは間違いない。

第3次自由化――電力vs.経産省、本気の闘い

第3次自由化が天王山だった。

議論は2001年11月5日から、総合資源エネルギー調査会・電気事業分科会で始まった。これは、第2次自由化で、「新制度開始後おおむね3年（2003年3月）経った時点で自由化の実績を見直す」という決定に基づいて、それに間に合うように検討を始めたものだ。

第1次自由化から5年以上経ち、自由化に向かうには何を変えなければならないか、日本の電力会社が何を嫌がっているかが明確になってきていた。

テーマは主に5点だった。

①小売り自由化の拡大
②発送電分離をどうするか
③送電線の開放
④卸電力取引所の設置
⑤自由化における原子力の扱い

欧米のような自由化をめざすならば、①から④で大幅な進展が必要になる。そして日本は⑤の「自由

化の中で原子力をどう扱うか」も考えなければならない。欧米では、原発の扱いを放置したまま自由化を進め、原発が増えない状況になっていた。日本ではそれは考えられない。

通産省から名前を変えた経産省の立場は「自由化推進」だった。それに対して、電力業界の本音は「今のままでいい」だった。

＊

電力制度の議論では強いプレーヤーは業界と役所という「二者」しかいない。二者が対立しているときはまだ議論に意味があるが、しばしば両者は裏で手を結ぶ。そうなると審議会などは「形」だけになってしまう。第3次自由化論議が始まったとき、「幸い」両者は対立していたので、議論には意味があった。

本当は、ここに「消費者」という強いプレーヤーが入らなければならない。そもそも「消費者のためにどんな制度がいいか」を議論しているのだから。「消費者代表」は審議会に名を連ねるが、強い存在ではなかった。

当時の経産省は、欧州で進む電力自由化の現実と、ＯＥＣＤで進む電力自由化・規制改革の論争、理論化に詳しい官僚が多く、官僚集団としても日本に自由化を導入しようという熱気にあふれていた。自由化を阻止しようとする電力業界との対立は「本気」モードだった。

第1次自由化で「卸売電力」への新規参入、第2次自由化で大口需要家への小売り自由化が実現した。外から見れば、遅い歩みだったが、電力業界は、「経産省にやられた」という意識が強かった。自由化への流れは危険水域に向かっており、電力業界は巻き返しに出た。

電力業界は自由化の問題点を積極的にPRした。東電は自由化を特集した冊子「TEPCO REPORT」をつくり、ホームページにも載せ、「長期的な安定供給のために発送電一貫体制の果たす役割は大きいと考えます」と現状維持を主張するだけでなく、「なぜ海外での全面プール市場がうまくいかなかったのか」など、海外の自由化の例を独自の解釈で伝えた。

全面プール（全量プール）とは、電力の全量をオークション（市場）で売買する制度で、英国が1990年から10年間実施した。

電力業界の組合である「電力総連」も論争に加わった。「電気の安定供給には着実な設備形成と系統の安定運用が必需」として「発送電一貫体制の重要性を認識した議論を」など、主張の内容はほぼ会社と同じだった。電力側も総力戦だった。政治ロビーも積極的に展開した。

核心は「発送電分離」、次に「小売りの全面自由化」だった。発送電が分離されればそれだけで一気に電力自由化に進み、巨大電力会社はばらばらに分割される。

朝日新聞の社説は発送電分離を肯定的に論じた。

「発送電分離も検討せよ　電力自由化」（02年2月26日）では、「新規参入企業は電力会社がもつ送電線で顧客に電気を送っているが、その託送料（送電料）が高すぎ、新規参入者に不利になっている、との不満が強い」

「発電と送電部門の会計を独立させ、透明化する案も出ている。だが、発電会社が送電管理をする限り、公平性への不満は消えないだろう。技術的な課題はあるにしても、両部門の明確な分離・独立を真剣に検討すべきだ」

原発については、「電力の自由化が進めば、原子力発電の扱いも難しい問題になってくる。……まずは、再処理などプルトニウム利用の費用を含め、原発のコストを明らかにすることから始めなければならない」と主張した。

私が執筆を担当したこの社説に対しては、電事連が即座に強く反応し、「発送電分離をすれば多くの問題が起こりうる」という意見と資料が寄せられた。電事連の主張の概要は、「発電所の整備と送電の整備の計画とはうまく連携を取りながらする必要があるので、一体感が必要。会計的に両者を分離すれば、送電部門を十分独立的に運用できる」と、最も軽い発送電分離である「会計分離」で収めようというものだった。

それまでになかった動きが出た。加納時男議員ら自民党のエネルギー総合政策小委員会が中心になって02年6月、「エネルギー政策基本法」を議員立法でつくったのだ。

加納氏は東電副社長を経て1998年の参議院選挙に経団連の組織内候補として自民党公認で立候補し、当選した。2000年代は甘利明議員らとともにエネルギー族として大きな影響力を発揮した。

エネルギー政策基本法は、エネルギーに関して「安定供給の確保」「環境への適合」「市場原理の活用」の3本柱が重要だと定めている。そうしながら、「市場原理の活用」、つまり自由化については、初めの二つに十分配慮して行う、としたものだ。明らかに自由化の動きを牽制するものだった。

業界誌「エネルギーフォーラム」（06年12月号）では、編集部による加納議員へのインタビューが載っている。この法律の制定を回顧したものだ。

本誌「エネルギー政策基本法制定（02年6月）の狙いとしては、この経産省のアンバンドリング（発送電分離）の動きをつぶすという明確な意図もあったのではないか。その顕われとして、第3次電気事業法改正（03年6月）へ向けての02年秋に行われた経産省と自民党との協議は熾烈を極めた。結局、経産省はアンバンドリングを断念、加納さんたちが勝った」

加納「安定供給が大事だという、エネルギー政策基本法が定める原則に戻ってエネルギー政策を考えた。基本法がアンバンドリングを封印したという面が結果としてあったのは確かだ。とはいえ、基本法がアンバンドリングを阻止するためにつくった法律というのは誤解もいいところだ。ただ、米国政府が2000年、日本政府に出した規制改革要望書が基本法制定のきっかけになったことは確かだ」[*5]

加納氏は発送電分離には激しく反対した。やはり「エネルギーフォーラム」誌（03年4月号）で「日本は海外から遮断された細長い国土の中で、電力の系統は串型につながっています。そこを分断して、例えば四国発電とか、東北送電とかの弱小企業群になったとき、利益を得るのははたして誰か。国益という観点から見ても、日本の有力企業を分断することは、海外のエネルギー資本やハゲタカファンドの餌食をつくることだ」ともいっている。*6

米USTRの規制改革要望書には「経産省が望む内容」も入っていた。経産省も米国の要望に、役所の意図をもぐりこませるなど「外圧」を使おうとした。日本の電力業界は国内では大きな政治力をもち、「経産省は動かせる」と思っている。しかし、米国やOECDなど「外国」になると案外弱い。それを逆利用して、電力業界と意見が対立しているときには、しばしば外国の報告書や要望書に、規制緩和など経産省の意向を盛り込んでもらう。電力業界、自民党、経産省、USTRが入り交じっての激しい攻防が続いた。

家庭の小売自由化が焦点

日本では新しい政策は審議会で議論され、方向性が決まる。この第3次自由化議論の場は、総合資源エネルギー調査会・電気事業分科会である。そのメンバー構成の問題性を考えてみたい。

電気事業分科会の委員は25人。会長以下6人が大学関係者だ。シンクタンク・銀行系4人。6人が電気の大口需要家（トヨタ、新日鉄、イトーヨーカ堂、JRなど）。新しい電力会社PPS「エネット」から1人。ガス会社1人。消費者代表として主婦連と生協が1人ずつ。

そして残りは電力関係者なのである。南直哉・東電社長、藤洋作・関電社長、川口文夫・中部電力社長、鎌田迪貞《みちさだ》・九州電力社長、それに妻木紀雄・電力総連会長である。

この審議会の目的は、送電線の扱い、会社のあり方など電力制度そのものを大きく変えることだ。そこに直接の利害関係者である電力会社9社中4社の社長が入っているのである。関係者がいつも会議にいるのは便利ともいえるが、大電力会社の社長4人がにらみを利かせる中で、彼らの意見と大きく異なる決定ができるのか、という問題もある。

この形は日本のあらゆる審議会で見られる光景なので、私自身は慣れすぎていて驚かない。とりわけ原子力関係の審議会は「原子力ムラ」とその周辺の人たちばかりである。

私は、この形は改めるべきだと思っている。「最後の政策決定の場に正式メンバー」としているということは、ある意味「拒否権」をもつことだ。そこに直接利害関係者が大量に入るのはおかしい。電力制度をがらりと変えようとする審議会に、電力業界が入っていれば当然抵抗する。その意見を大きく取り入れれば、「新しい理論・制度」に「既存産業界の利益保護」がミックスされる。できあがるのは、「外国で進んでいる政策に似ているが少し違う」形だ。「日本モデル」といわれる新政策がこうしてつくられる。中途半端な政策になり、形だけが変わって内実はあまり変わらない政策ができあがる。

本来のあり方としては、審議会は電力会社の関係者を参考人として何度も呼んで情報と主張を聞く方式が望ましい。何度聞いてもいいが、最後に決めるのは直接の利害関係がない専門家であるべきだろう。例えば、現在の欧州では日本のような形は取らないという。

審議会といってもさまざまなレベルがあるので、簡単には国際比較もできないが、この形が、日本の政策がなかなか変わらない一つの背景になっているのではないか。

審議会のあり方はほかにも問題がある。そもそも審議会での表の議論で政策が決まっているというより、裏の話し合いで決まる政策が多い。主なプレーヤーが役所と業界の二者だけ、それにたまに政権政党（自民党）が加わる電力自由化議論などはその典型で、審議会を見ているだけでは、議論の行方は見えない。

さて、第3次自由化の議論はどう展開したか。

電力業界は、発送電分離は絶対に認めない方針を貫いた。その代わりに、「小売り範囲の拡大」や「電気卸売取引所の設置」などで一部認める姿勢をとった。とくに「家庭も含めた小売りの全面自由化」を認める方向に動いた。

２００２年４月４日の第６回会議において、南・東電社長は「お客さまの選択肢の拡大は望ましいことであり、自由化範囲を拡大し、最終的に全面自由化をめざすことについて前向きに対応していきたい」と発言し、出席者を驚かせた。他の電力会社の反対の中での受け入れ表明だといわれた。東電は小売りの自由化について他の会社より前向きだった。

一方、発送電分離については南社長も「責任ある発送電一貫のシステムが日本において役割を果たしている」と述べるなど、発送電分離反対は電力業界で一致していた。電力業界は政治ロビーを繰り返した。

２００２年８月に大事件が起きた。東電が１９８０年代後半から２００１年まで原発の自主点検の際に、都合の悪いデータを隠したり改ざんしたりしていたことが明るみに出た。「原発トラブル隠し」といわれ、29件と大量だったため、てんやわんやの騒ぎになり、その混乱の中、荒木浩会長、南直哉社長ら歴代トップ4人と副社長の5人が辞任した。

この事態で、東電は「5人もの辞任を余儀なくされた裏には村田成二経産次官がいる」と激怒し、東電と経産省との関係が極めて悪くなった。村田氏ははっきりと否定している。

事件発覚後も経産省と電力業界の意を受けた自民党との闘いは続き、結局、発送電分離はできない流れになった。原発トラブル隠しが発送電分離議論にどう影響したかははっきりしない。

どの時点か不明だが「役所はひそかに英国をモデルにした自由化法案を書いていたが、つぶした」（電力関係者）という話もある。*7

こうした議論が、「今後の望ましい電気事業制度の骨格について」（2003年2月）という報告書にまとまった。内容は次のとおり。*8

①最大のテーマだった発送電分離は先送り。ただ、同じ会社でも発電部門と送電部門で「会計分離」をする。連系線の利用、調整のための中立機関をつくる（後のESCJ＝電力利用系統協議会）。
②電気の託送制度（送電線の貸し出し）を見直す。地域を越えれば越えるほど託送料が積み重なる「パンケーキ」といわれる制度を廃止し、各地域にある「系統利用料金」に一本化する。
③電力小売りの拡大。大口の需要家（2000キロワット以上）だけだったが、04年4月に500キロワット以上に緩和、05年4月に50キロワット以上に緩和し、07年4月を目途に家庭を含めた全面自由化の検討を開始する。

④卸売電気を売買する取引市場（JEPX＝日本卸電力取引所、Japan Electric Power Exchange）をつくる。自前の発電所をもたないPPS（特定規模電気事業者）の電力調達が便利になる。
⑤原発の扱いについては進展なし。

要するに、発送電分離はできなかったが、小売りの自由化では大きく進み、「家庭」まで、完全な小売りの自由化への道が敷かれた。「電気の卸売市場の創設」も大きい。

これに基づいて、03年6月に電気事業改正案が可決された。

その後、小売りの拡大は順調に進み、対象は04年4月に500キロワット以上の需要家に、05年4月には50キロワット以上の需要家に広がった。50キロワットといえばコンビニ程度の店だ。それ以上の規模の需要家には、だれが電気を売ってもいいことになった。50キロワット以上の電力市場は、電力の量でいえば、日本の総需要の60％になる。形の上では「6割の小売市場が自由化された」ことになった。

逆コース、公正取引委員会が警告

しかし、実質的には自由化は進まなかった。

まず、PPSのシェアは一向に伸びなかった。そして、託送料制度も改正されたが、相変わらず9電力会社同士も競争しない。

第3次自由化がまとまったあと自由化へのブレーキが目立ち始めた。経産省内の雰囲気も変わった。

第3次自由化のあとの事務次官人事などで、「もう自由化は進めないのだな」という役所の雰囲気を感じた官僚は多い。自由化を担当していた官僚のその後の人事もその雰囲気を示していた。役人はそうしたことで風向きの変化を敏感に感じ、その方向に動く。「風向き」というのは、電力業界や自民党から「もうそのくらいに」という圧力を受け、何となくそうなることだ。自由化は尻すぼみとなっていった。

この動きは、エネルギー政策におけるもう一つの課題である原子力と関係していた。「核燃料サイクル論争」の決着がついたのも、ちょうどそのころ、04年の末だった。

第4章で述べたように、核燃料サイクル論争を電力業界が押し切り、政策が元の路線に戻っただけでなく、05年の原子力政策大綱、06年の原子力立国計画で、原子力政策を整理し再構築した「原子力グループ」が再度力をつけていた。

電力自由化が高揚しているときは原子力に元気がなく、原子力が力を取り戻せば自由化がしぼむ。「原子力と自由化」は理論的にも感覚的にも折り合いが悪いのである。

06年3月、総合資源エネルギー調査会総合部会がまとめた「新・国家エネルギー戦略（中間とりまとめ案）」を見ると、ある意味びっくりする。新興国の台頭によるエネルギー需給が逼迫する世界構図を描き、安定供給を意味する「エネルギー安全保障」に極めて大きなウエートをかけた報告で、原子力依存も強めている。原子力政策大綱と同じだ。

それはそれでいいのだが、驚くことに電力自由化を進めるという趣旨の文章が見あたらない。同じ経産省、同じ総合エネルギー調査会の審議なのにどういうことか。自由化の後退というしかない。

さて、電力自由化議論に戻る。第3次自由化議論の結果、「07年4月を目途に、家庭も含めた小売の全面自由化の検討を始める」ことが決まっていた。報告でこう決めれば、全面自由化するということである。

その07年が近づいていたが、一向に実質的な自由化は進んでいなかった。そこで06年6月、公正取引委員会が動いた。

「電力市場における競争状況と今後の課題について」という報告書を出し、競争が進まない状況を批判し、07年の全面自由化に向けて多くの改善点を提言した。[*9]

内容はかなり具体的で厳しく、それまで、電力の独占状態に対して黙っていた公取がなぜ動いたのか、意外感さえあった。次のような内容だった。

・小売りが自由化された分野でも新規参入者であるPPSのシェアは小さい。2005年9月段階で自由化分野におけるPPSのシェアは2%弱。とくに2004年から自由化された50~2000キロワットでは0・3%しかない。競争は起きておらず、一般の電力会社のほぼ独占状態となっている。
・需要家に新しい選択肢が示されてもいない。
・料金は下降傾向にあるが、家庭の電気料金はまだ米国の2倍以上。

・新設された日本卸電力取引所（JEPX）での取引量は総販売電力量の0・07％、総卸電力取引量の0・3％しかなく、主要なJEPXが電力調達手段として機能していない。
・PPSは「PPSの供給量と顧客の需要量」をきっちり同量にする「同時同量の義務」が課されているが、この負担が極めて重くPPSを困らせている。そもそもPPSの規模が小規模なので同時同量でなくても送電線全体に与える影響は小さい。同時同量の必要性はなく、「非合理的な参入障壁」ではないか。
・結論として、従来の電力会社はほぼ地域独占になっている。もっと競争的な市場に向けて制度設計を行うべきだ。

このように公取の指摘はかなり本質的なものだった。「勧告」や「指導」ではない報告書という弱い形ではあったが、「このままでは十分な競争状態はできませんよ」というきつい指摘だった。しかし、電力業界は何も変えなかった。公取も軽く扱われた。

ここで言及されている卸電力取引所の役割と電力自由化の関係は、野菜など農産物を扱う卸売市場を例に考えれば理解しやすい。

これまでは日本を九つに分割して、その農地（発電所）をそれぞれ1社の巨大農家（東電など一般電気事業者）が所有していた。生産された農産物（電気）はその会社が自社所有の道路（送電線）を使って管内すみずみまで送り、販売していた。大きな需要家にも個々の家庭にも配り、自社で集金していた。自社の管内以外には売らない。

しかし、自由化によって、新規参入の生産者（PPS）が営業を許可された。PPSは自力で農地を開墾（新規の発電所建設）したり、巨大農家から農地を買ったりして営業しようとしたが、開墾には時間がかかる。さらに巨大農家は余っている農地（発電所）も、ライバルになるPPSには売らなかった。九つの巨大農家が所有する道路の使用量（託送料）も極めて高かったので、新規の生産者のビジネスは一向に拡大せず、競争によるサービス向上も進まなかった。

そこで国は、日本卸電力取引所（JEPX）をつくった。九つの巨大農家が余っている農産物をここに出せば、新規参入者は自社生産で足りない分はここから買ってきめ細かいビジネスが展開できる。さらに市場での価格が値段の指標になる――。諸外国ではそうした取引所が整備されている。

しかし、日本ではうまくいかない。9社が申し合わせたかのように中央卸売市場に農産物を出さないからだ。余ったものも多いはずだし、それに市場に出そうと思えば少し多く生産してもいい。簡単なはずだが、卸売市場はつねに品薄状態でまったく機能しない。9社側からいえば出す動機がない。「出そうと思えば出せるが新規参入者はライバルなので出す理由がない」。というわけで、せっかくつくった制度が機能していない。しかも経産省は指導もしない。

公正取引委員会は、この状況を何とかしなければ自由化は進まない、といっているのである。

実は、割と簡単な解決法がある。電源開発（Jパワー）という会社がある。日本各地に発電所をもち、発電量でいえば9社の中ほどに位置する大規模会社だ。一般に名前が知られていないのは、「卸専門会社」だからである。発電した電気は、9社に全量ひきとってもらっている。また、各地の自治体はダムに付属する発電所をもっている。これも9社に売っている。

これらの卸電力の一部をPPSに売り、JEPXに出せば、市場は活性化するし、その方がもうかるのである。しかし、9社の顔色が気になるのか、その動きはほとんどない――。これが日本の電力自由化の現実である。

ちなみに、この公取の報告書から6年後の2012年9月21日、公取は再度、報告書「電力市場における競争の在り方について」を出した[*10]。

半年前の4月に「電力市場で競争が起きていない。実態の把握、分析を行う」という閣議決定があった。これに基づく調査だ。そして公取は6年前とほぼ同様の指摘を繰り返した。つまり、電力市場はまったく変化していなかったということだ。報告書にはこうある。

・自由化部門における新電力のシェアは3・5%（2010年度で3・47%）。一般の電力会社による地域外への販売は日本で「1件のみ」。
・託送料金については一般の電力会社が過大な料金を設定しているのではないか。

こうした数々の不平等、不合理を指摘した上で、今のままでは、いくら「自由化範囲を拡大」とするような制度をつくっても競争は広がらないとして、今度は「発送電分離」を明確に提言している。6年前に無視されたリベンジなのか。

日経新聞のスクープ

「家庭を含むすべての需要家への小売り自由化」については2007年春から検討を始めることになっていた。4月からそれを議論する総合資源エネルギー調査会・電気事業分科会が始まる予定だった。そこで家庭の小売り自由化を確認して、実施時期を決めるものと思われていた。

しかし、その3カ月前の1月6日、日経新聞があっと驚く記事を書いた。

「家庭電力、自由化先送り」[*11]である。「経済産業省は2009年にも実施する予定だった家庭向け電力への参入自由化を当面見送る方針を固めた」というスクープ記事だ。

これはおかしな記事だ。4月から始め、何カ月もかかって議論する審議会の「結論」を1月に書いているのである。記事の中にもそうちゃんと書いてある。「経産省は今春に電力会社や学識経験者などをメンバーとする審議会を設置、見送りを決める」。どうしてこんなことがわかるのか、いえるのか。

私もマスメディアにいる人間なので、こうした記事の裏側は想像できる。日本の審議会は、まったくの「先行き不明」でスタートすることはほとんどない。たいてい担当する役所がちゃんとコントロールする。結論をイメージし、それに合うメンバーを決め、会議の節々でカギになる発言も「振り付け」する。

そのため、結論に反対する側のメンバーは最初から少なくする。そして審議会の外で有力業界と内々に打ち合わせる。

したがって、大事な政策に関することであればなおさら、審議会が始まる前に方向性が内々に決まっていることが多い。記者はそれを探って報道しようとするし、ときには、関係者が「報道させようとする」こともある。

事前報道は、その結論の方向に世論を誘導することも、逆に反発を買ってしまうこともある。これが審議会をめぐる役所と業界とメディアの「日本的な関係」である。

しかし、それでも学者ら専門家は審議会に出る。人によって事情は異なるが、一般に選ばれることは「一流」の意味でもあるし、箔も付く。なにより新しいデータも手に入るので仕事に役立つ。日本の審議会は、事務局をしている役所が圧倒的に強い。ただ民主党政権時代は、審議会での議論を重視する傾向が強まった。

この日経新聞の記事の場合は、記者が、経産省と電力業界が内々の議論で方向性が固まったと認識した時点で思い切って書いたのだろう。しかし、事前報道といってもあまりに早い。相当の確信があったのだろう。

繰り返すが、審議会は4月から始まり、自由に討論をするのである。審議会メンバーに内定している有識者は何と考えればいいのか。記事が本当なら審議会の意味は何もない。内定メンバーの何人かが経産省に電話して「どうなっているのか」と詰問したかもしれない。

そんな場合の役所の答えは決まっている。「もちろん何も決まっていません」。こう付け加えるかもしれない。「こんな時期にこんなことを書くとは、新聞もひどいですねえ」

審議会が始まる3カ月前にこうした記事が出ることにも驚くが、もっと驚くのは半年後に、記事どおりのことが起きることである。ある意味、日本社会の怖さである。

さて、その「今後の自由化をどうするか」についての審議会（電気事業分科会）第1回は2007年4月13日に始まった。

会合では「地球温暖化対策には原子力発電が重要。電気料金値下げで電力会社の体力を消耗させていいのか」など、さっそく全面自由化に懸念を示す声が多かった。一方、新規参入者（PPS）は「全面自由化を視野に参入したのに」と、約束違反をするなと主張した。

議論は、小売り全面自由化への疑問が多く出る形で進んだ。全面自由化への道は2003年に一応決まっていたことだ。明らかな後退である。

なぜそうなったか。一つは、経産省の「変身」である。1995年の第1次自由化論争から、経産省が電力業界を自由化に引っ張ってきた。

しかし、この当時、経産省は、国際エネルギー需給の逼迫・価格高騰と、地球温暖化問題などで原子力の重要性が増したことを重視し、10年間議論を蓄積してきた自由化への熱気を失った。「今のままでいい」という電力業界の立場に近づいた。

もう一つは、電力業界の中での後退である。そもそも「小売りの全面自由化受け入れ」は5年前、東電の南直哉社長が審議会で発言したことがきっかけだ。

その後、電力業界はその方向に向いていると思われていたが、各社の基本的な立場には大きな差が残っていた。自由化への社会の関心が薄れたと見るや、本音が出てきた。当時の私の取材では、「全面自由化に東電は賛成、地方電力会社は反対、関電はその中間で悩んでいる」という雰囲気だった。自由化が進めば競争が激しくなる。比較的小規模の地方電力会社は「今のまま」がいいのである。

自由化論議を担当した経産省の歴代の担当者に聞くと、9社の中ではつねに東電が自由化に比較的前向きだったという。東電の荒木浩社長、南直哉副社長（後の社長）らは「電力会社も規制で守られた状態ではなく、普通の会社として競争の中で生きていくべきだ」との姿勢が強かった。政策の方向が出れば業界をまとめる役を果たしてきた。

しかし、そうした東電の姿勢は、ほかの電力会社からの「大会社の余裕だ」「地方電力会社の苦しさがわかっていない」といった批判も生む。「自由化が進めば東西二つの電力会社になってしまう」といった声も聞かれた。

この議論は日本の電力制度の問題点を浮き彫りにした。会社の規模や電源の種類、地域の気候、需要特性、所有する原発の数が大きく異なる9社が同じ方向に同じ速さで進む「護送船団」を続けるならばスピードの遅い船に合わせるしかない。結局、東電が旗を降ろし後退することで、「全面自由化反対」で足並みをそろえた。

企業の独自色を発揮して自由な企業活動をするために戦後スタートした「発送電一貫、地域独占」は、競争を阻害するものになっていた。

さて、「小売り自由化」範囲については、早くも7月に議論がまとまった。

それを整理した報告書「家庭部門も含めた小売自由化範囲の拡大に係る検討結果について」から少し引用する。*12

①「既自由化部門での需要家選択肢が十分に担保されないまま小売自由化範囲を拡大することは、家庭部門の需要家に自由化のメリットがもたらされない可能性があるにとどまらず、現時点においては社会全体の厚生が損なわれるおそれが強く、望ましくない」
②「需要家選択肢が十分確保されているとは評価できず、小売自由化範囲を拡大することにあたっての前提条件がいまだ整ってはいない」
③「以上を踏まえれば、現時点において小売自由化範囲の拡大を行うことは適切ではない。論点整理で掲げられた卸電力の活性化や託送制度のあり方などの競争環境整備に資する制度改革を具体的に検討すべきである」

これはびっくりする論理である。「もっと進むはずだった自由化がうまくいっていない。だからもうしない」という逆立ちした論理である。「選択肢がすでにあるのが自由化の前提」というのもおかしい。選択肢をつくるために自由化をするのではないか。

そもそも自由化が思ったように進まないのは電力会社が、自由化のためにつくった仕組みを利用しないからである。役所はそれを使うよう監視、指導すればいいのにそれもしない。選択肢を増やす努力をせずにおいて、まだ選択肢がないから他の道に行けない――。どこかで聞いた論理である。そう、核燃料サイクル論争のときとまったく同じなのだ。

このまとめの前に出た「論点整理」では、こうもいっている。

④「大口需要家に比して価格交渉力、情報収集力の面で相対的に劣る一般消費者の特性にも配慮しつつ検討していくことが必要ではないか」

どういうことだろう。自由化すれば料金の値上げは必至で、個人が大電力会社と相対しても価格交渉で渡り合えないだろうから自由化も慎重に、ということか。

自由化を進めて消費者に電気の種類や料金メニューが多く示されれば何も問題はない。消費者はそこから選べばいいだけである。携帯電話の機種や会社や料金メニューを選ぶことと同じだ。外国はそうしている。「価格交渉力」とは、一体何をイメージしているのか。なぜこんな奇妙な論理まで持ち出すのか。

さて、この電気事業分科会のまとめに対して辛辣な批判が業界誌「エネルギーフォーラム」07年11月号に載った。朝日新聞の大軒由敬・論説委員の「『電力自由化の模範解答』は?」である。*13

電力業界の自由化がむしろ後退しているのは、これまでにとってきた自由化策が中途半端で、自由な企業活動をまだまだ縛っているからではないか。したがって、もっと徹底した自由化策をとろう――。そう考えるのがごく当たり前のはずなのに、効果が出ていないからもうやらないというのは、「何とも珍妙な論理」と指摘した。

さらに「『競争至上主義で本当にいいのか』などという言葉が経産省や業界から聞こえてくる。電力をめぐる議論のどこに『競争至上主義』があるというのか。競争回避が過ぎる現状を、少しでも改善しようとしているだけだろう」。そして、「自由化を推進すべきだ」というのはあくまで建て前で、本音は「自由化はできればしたくない。うまい具合に自由化が進んでいない。ならばこのさい先送りしてしまおう」ではないか――。

まさにこの指摘のとおりだった。しかし、当時、この審議会について社会もメディアもあまり注目していなかった。メディアで働く一人として、「どんな自由化がいいか」という政策の質を問う議論を盛り上げられなかったことには悔いが残る。

新しい政策を決める審議会の取材でも、メディアはともすれば、選挙の開票速報のように、「結果がこうなりそうだ」の予想速報に力を入れてしまう。それも必要だが、議論の質を評論して、「どんな制度がいいか」の議論を深化させることも重要だ。

ともあれ2008年3月にまとまった結論は、「発送電一貫体制を維持すること」「現時点において小売自由化範囲の拡大を行うことは適切ではない」とされた。[*14] 最大の果実と思われた「家庭が電力会社を選べる改革」は社会に知られないまま葬られた。

発送電分離ならず——15年論争の結末

1994年から始まった電力自由化議論は、実質的に03年までの議論で自由化を進め、それ以降は進まなかった。その後も03年までの決定を具体化する議論が08年まで続いたが、自由化のさらなる進展はなかった（表1）。94〜08年まで約15年の議論は何を残したか。長い道のりだったが、「発送電分離」も「家庭まで含めた小売りの全面自由化」もできなかった。電力市場を実質的に自由化することはできず、「9社による地域独占、発送電一貫」の営業体制が続いてきた。

議論はたいてい電力業界と経産省の綱引きで進められ、社会の関心が盛り上がっているときは改革に向かい、関心が薄れれば、とたんにストップするという繰り返しだった。

まとめると、1995年に電気事業法を改正した第1次自由化では、卸電力の自由化を目的としたIPPの導入が始まり、1999年の第2次自由化では発電も電力小売りもできるPPSを導入し、PPSが送電線を使って顧客に電気を送るための託送制度もできた。そして大口需要家向けの小売市場を自由化した。

2003年の第3次自由化では、この流れをさらに進め、小売り自由化の範囲を「50キロワット以上」（04年から）まで広げた。託送では、まだ料金は高いが、遠くへ行けば行くほど高くなる「パンケーキ」とよばれる料金制度をなくした。新規参入業者PPSが電気を調達しやすいようにJEPXを創設し（2003年）、2004年には送電線・連系線利用の利便性をはかるESCJ（電力利用系統協議

表1　日本の電力自由化の歴史

1995年（第１次）……	電力会社に卸電力を供給するIPP（独立系発電事業者）の参入が可能に
99年（第２次）……	送電線を貸し出す託送制度の新設。PPS（特定規模電気事業者、現在は「新電力」とよぶ）制度の新設。大口の需要家（2000キロワット以上）への小売りの自由化
2003年（第３次）……	日本卸売電力取引所（JEPX）を新設。連系線の使用を調整するESCJ新設。託送制度の見直し。小売り自由化の順次拡大を決定（将来は家庭までの完全自由化をめざす。発送電分離はせず）
04年 ………………	500キロワット以上の需要家への小売り自由化
05年 ………………	50キロワット以上の需要家への小売り自由化。JEPXの市場が開設
07年 ………………	家庭向け小売りの自由化をしないことを決定
12年 ………………	小売りの完全自由化、発送電分離（法的分離か機能分離）をめざす基本方針を決定

会）もつくった。

しかし、こうした改革の形だけで実質的に自由化は進まなかった。２００７年段階で実際に営業活動をしているＰＰＳはたった13社しかなかった。

当時は地球温暖化問題が盛り上がり、火力発電所を建設しようとするＰＰＳが「温暖化対策の敵」として攻撃されるという事情もあったが、それにしても異常な低調さだ。

そしてＪＥＰＸの取扱量は極めて小さくＰＰＳの電力の安定した調達先になっていない。ＥＳＣＪはできたものの託送料が高くて連系線はほとんど使われていないので、仕事はあまりない。そして既存の9電力会社はまったく競争しない。

要するに、自由化の核心である「発送電分離」はならなかった。発電への新規参入や小売り分野では「自由化を進める仕組み」をかなりつくったものの、ほとんど機能していない。電力業界は積極的に使っていないし、経産省も使わせる指導をしない。「仕組みをつくっても使わない」が日本的自由化モデルの特徴だ。

いいかえれば、日本では、自由化の哲学と目的が十分には理解されていなかったというしかない。先行した欧米での自由化は、制度と考え方をがらりと変えるものだった。電力事業は発電・送電・配電と分かれるが、その3部門を切り離し、発電と配電、小売りは新規参入を奨励して競争を起こす一方、真ん中の送電は政府や公共団体がもち、完全に規制下に置くものだ。

つまり自由化といっても、単なる規制緩和ではなく、目的とする競争が起きやすいように規制の強化と撤廃を調整する「規制改革」だ。規制改革を通じて、世界の電力業界は大変化を成し遂げた。会社の業態ががらがら変わり、国境を越えて離合集散を重ねながら国際市場で闘っている。その変化の中で自然エネルギー産業も成長した。

しかし、日本では電力業界が自由化の核心である「発送電分離」を断固拒否している。

東電の「社史」ともいえる『関東の電気事業と東京電力』には自由化について次のように書かれている。

「日本における今日の発送配電一貫経営というビジネスモデルは、120年近い歩みの中で電気事業者が育てあげてきたものであり、世界に類例をみない高い供給信頼度の源泉にもなっている。[……]日本で電力自由化を推進するためには、発送配電一貫経営の電気事業者の系統運用能力を活用し、ネットワーク利用の新規事業者への開放に重点を置く託送モデルによるのが適切だと思われる」[*15]

つまり、「自由化してもいいが、それは発送配電一体を守りながら」である。これは欧米の自由化とは根本的な部分が異なっている。日本は「先進国で発送電を分離していないのは日本くらい」といわれるほど珍しい存在になっているが、日本の電力業界は、その「ガラパゴス状態」を十分認識しながら、その「良さ」を主張してきた。

しかし、日本の電力制度は、今の電力会社には居心地がよくても、多様なエネルギー産業の発展とイノベーション（技術革新）を邪魔していたのではないか。時代に合わせた変化がもっと必要だった。

2011年の福島原発事故によって、封印されていた時代遅れの制度の問題点を知ることになる。

＊1 『「東京電力」研究 排除の系譜』斎藤貴男、講談社、2012年5月
＊2 「欧米の電力、発電・配電競争進む、通産省調べ 発送電も分離実施」日本経済新聞、1997年4月26日
＊3 「仙台市の2施設への電力供給 東北電力が落札 域外参加の東電抑える 電力」河北新報、2002年3月27日
＊4 「電力自由化延期論『理解できぬ』、エンロン・ジャパン社長に聞く」朝日新聞、2001年2月7日
＊5 『三つの橋を架ける 国政参画十二年の挑戦』所収、加納時男、日本電気協会新聞部、2010年
＊6 「電力・ガス垂直一貫体制ヲ堅持セヨ！」エネルギーフォーラム、2003年4月
＊7 「（電力のかたち 制度改革の前に）原発、家庭を縛る 改革の芽、日本でも」朝日新聞、2012年1月29日

＊8 「今後の望ましい電気事業制度の骨格について」総合資源エネルギー調査会電気事業分科会報告、2003年2月

＊9 「電力市場における競争状況と今後の課題について」公正取引委員会、2006年6月7日

＊10 「電力市場における競争の在り方について」公正取引委員会、2012年9月21日

＊11 「経産省方針、家庭電力自由化先送り、原油価格高止まり、参入見込めず。」日本経済新聞、2007年1月6日

＊12 「家庭部門も含めた小売自由化範囲の拡大に係る検討結果について」電気事業分科会、2007年7月11日

＊13 「『電力自由化の模範解答』は?」大軒由敬、エネルギーフォーラム、2007年11月1日

＊14 「今後の望ましい電力事業制度の在り方について」総合資源エネルギー調査会電気事業分科会、2008年3月

＊15 前掲『関東の電気事業と東京電力』

第8章　東京電力の問題

東京電力の会社の体質も問われる。電力事業で地域独占的な営業を保証され、年間の売り上げは5兆円をほこる。公益事業でありながら、民間企業であり、原発を所有するため扱う秘密も多い。その三つを使い分けながら、日本社会の中で独特の力をもつ超巨大企業に育ってきた。その社内の実像がどんなものだったかが、3・11後の事故調査や会社の財務調査で明らかになってきた。経営不安のない恵まれた条件の中で、緊張感のない体質になっていたのではないか。

東電処理は間違いだったか

東電がどういう経営をしていたか、どういう経営姿勢だったかは、福島事故後、料金値上げを審査する中でわかってきた。

総合資源エネルギー調査会総合部会の下に、料金値上げをチェックする電気料金審査専門委員会が置かれた。公表された会議の議事録などを参考にして、議論の様子を再現する。

2012年6月20日に開かれた第6回の会合。委員長の安念潤司・中央大法科大学院教授がこう発言した。

「それじゃ、私も一法律家としてぶっちゃけたことを言ってしまえば、それは初発《はじまり》を間違ったんですよ。本当は（株式を）100％減資して、そして銀行などの債権者には大いに泣いてもらえばよかった」

「東電さんの前でこういうことを言うのもなんだけれども、会社更生にして、スッキリすりゃよかったんだと思います。ただ政府がつぶさないと決めちまったんだから、いまさら我々がどういっても、もう追っつかない」

これには説明がいる。当時、東電は家庭用で10％を超える電力料金の値上げを計画していた（平均8・47％に圧縮し、12年9月から実施）。その日の会議では「総括原価」に何でもかんでも含めて電気料金を計算していることが問題になっていた。電力会社の最大の強みは安定した経営だ。公営企業である電力会社は安定的に電気を供給する義務をもつ見返りに、必要な経費を原価に組み込んで、一定の率の利益が保証される制度になっている。「総括原価」方式だ。

例えば、東電の社員一人あたりの年間の福利厚生費は37・5万円と高かったが、30・3万円に下げるという説明だった。説明役の東電幹部は、「インフルエンザ対策、熱中症対策、交通安全対策などもあって必然的に出さざるをえない」と、この全額を「総括原価」に入れる理由を説明したが、それはやりすぎではないかとの意見が出た。

また、人件費を減らしても大企業の全国平均並みというのは公的資金が入っている会社としてはおかしいのではないか——。東電は日本原子力発電や東北電力から卸電気を買っているが、原発が止まって全く電気がこないのに、「契約だから」といって年間1000億円、それもなぜか「電気が来ている年より少し多いお金」を払う契約とは何なのか——。電気料金は上がるが、銀行などの責任はどうなっているのか——。

こんな風に「税金で支えられている会社なのに、これはおかしいのでは」という議論をあれこれしているうちに、安念委員長が、思わず「ぶっちゃけたことを言ってしまえば」と口走ったのである。

事故後の東電をめぐってはさまざまな問題が起こり、被災者は不公平感、やりきれない感情を抱いている。東電を会社更生法で法的処理（破綻処理）して「スッキリすればよかった」という意見は多い。安念氏の発言は、それを代表するものだった。

審査専門委員会ではさまざまな福利厚生が問題になった。

・健康保険料の会社負担割合。東電は70％、他企業は50～60％が主。
・各種財産形成貯蓄の利子補塡率。財形貯蓄については、東電の年3・5％に対し利子補塡のない企業が主。リフレッシュ財形貯蓄は東電の年8・5％に対し、制度がない企業が主。
・「カフェテリアプラン」の水準は、東電が年間の一人あたり消化額約9万円（他産業平均で一人あたりの消化額5・6万円）など、概して東電は高い水準になっている。カフェテリアプランというのは東電と契約しているホテルやレジャー施設を利用したときに会社が補助するものだ。

この時代に「8・5％」という利率が存在していたことに驚く。このほか、ホテルに泊まり込んでの人間ドックなども議論された。社宅は月3万1000円程度。企業年金も手厚い。

余談だが、カフェテリアプランはポイント制で、使ったあとで会社が補塡するものだが、その特典の平均消化率（9割超）が高い。多くの企業が福利厚生制度をもつが、保養所・ホテル利用などでもたいてい「使う人は何度も使い、使わない人は使わない」という不公平が悩みだが、東電はだれもがほぼ使い切っている。制度がよく運営が上手なのだろう。

なお財形年金貯蓄やリフレッシュ財形などは廃止し、カフェテリアプランも縮小すると東電は表明している。

東電の社員の待遇は、確かに給料の額として発表されない部分で極めて高い水準だが、こういう話を聞いていると、悲しいかな、「もっと削るべきだ」といううらやましさから出る感情が膨らんでくる。

このように東電が「裸」にされるのを見て、関西電力は非常に警戒していた。値上げ申請の際に、いろいろ探られるのはたまらない。ことあるごとに「我々の会社は公的資金が入っているわけではない」といっていた。

それが奏功したのか、12年10月、枝野幸男経産相は、ほかの電力会社が値上げ申請した場合の査定について、東電ほど厳しくチェックすることはしないと述べた。政府からの出資を受けているわけではないなど事情が違うということだ。

私は、これはおかしいと思う。この際、各電力会社の財務状況も詳しく調べ、総括原価の内容をはっきりさせればいい。そして、どの程度の数の原発を動かせば、あるいは止めれば電気料金がどうなるかの関係を明らかにしたい。今後、原発を減らしていくときの参考になる。

本質の問題に戻る。東電の問題は「取り返しのつかない原発事故を起こした企業」はどのように処分されるべきなのかという難題である。

多くの人が故郷を離れる状況をつくり出し、除染には将来、いくら費用がかかるかわからない。そして、国も地方自治体も事故処理の仕事に忙殺されている。まさに日本の国力を落とす事故である。1986年に起きたチェルノブイリ原発事故は、ソ連邦の解体の一因になったといわれるほど、国力を削いだ。

福島事故のあと、JAL（日本航空）のように破綻処理するか、東電の責任を問わない免責にするかで綱引きがなされた。

免責にする道はある。原発事故の際の賠償の仕方を決めている原子力損害賠償法3条1項の「ただし書き」に、「異常に巨大な天災地変または社会的動乱が起きたときには事業者の責任を問わない」とあるからだ。

しかし、これはそもそも「あり得ないほどのこと」、例えば隕石の衝突、戦争などを想定してつくられた条項だ。

結局、その免責と破綻の中間が選ばれた。

つまり、東電に責任はあるけれど、賠償に必要なお金は国が出す形である。具体的には、新しく「原子力損害賠償支援機構」を設立して、国が東電を無限に支援し、東電がそのお金を使いながら経営を続け、賠償をする。その資金は、東電以外で原発をもつ電力会社も負担する。

東電を破綻させなかった最大の理由は、金融の混乱、危機の回避だった。もう一つは、国（財務省）が責任をとって賠償を担うという形をとることを嫌がったことだ。

原発は、原子力損害賠償責任保険に入っているので事故のときには1発電所（福島第一原発全体）で1200億円を上限として支払われることになっている。東電事故では福島第二原発も含め2発電所だから、福島第二原発の分が支払われたとしても計2400億円が上限になる。そのあとは、原因の事業者（東電）がすべて支払わなければならない。それは「事業者に過失があろうとなかろうと支払う」ということだ。

実際に事故が起きてみれば1200億円など焼け石に水である。結局ほとんどを国が支援するか、電気料金を上げながら、東電が利益を上げる形をとり、支払うことになる。

東京電力と原子力損害賠償支援機構が共同で2012年5月9日に発表した「総合特別事業計画」によると、原賠機構が東電に1兆円を出資し、さらに機構を通じて賠償に使う2兆5463億円を出す。しかし、賠償にいくらかかるか、さらに除染にはいくらかかるか、わからない。10兆円、20兆円、もっとかかるかもしれない。

東電はすでに普通の経営状態ではない。必要なお金を得るために、国の支援を受け、電気料金を上げる。それで被災者への賠償を支払う。

その主体は形の上では東電である。その結果何が起きているか。

東電は、十分なリストラなど改革をすることになっている。しかし、そうはならずに、めだっているのが、不十分な改革、除染、訴訟などを控えて責任を回避する姿勢である。

それは被災者につらい対応となってあらわれる。

事故被害者と東電との和解を仲介する原子力損害賠償紛争解決センター（原発ADR）は12年7月、救済を妨害する態度が目立つ、と東電を批判した。*1

この原発ADRの事務責任者である文科省の和解仲介室の室長は「被害者の早期救済を妨害するような態度が目立つ。会社の体質を改めるべきだ」とコメントしている。

朝日新聞の記事によれば、例えばこんなことをしている。原発から10キロ圏内の自営業の人が営業損害など約1億6000万円の賠償を申し立てたところ、東電側は、仲介委員が決めた回答期日を何度も破り、いったん認めた和解額を半額にする提案をしてきた。

一般に、和解額を受け入れるかどうかの回答期限を守らない、取るに足りない理由を掲げて争うという。被災者より、事故を起こした東電の方が強い立場にいるのである。

賠償を値切り、交渉を引き延ばし、生活に困窮する被害者が、不満ながら受け入れる図式が一般的になっている。

ただ、東電側から考えれば、自立再生の道が敷かれたわけであるから、会社の営業を守り、事故の責任を限定的に主張し、社員の待遇もできるだけ守ろうとするのは必然だろう。

しかし、これらが被災者の生活再建を妨げるだけでなく、「なぜ東電社員は普通に暮らせるのか」「まだ給料が高すぎる」「東電幹部の住宅を被災者に提供せよ」といった意識を広げている。生活者同士がいがみ合う構図をつくり、そこで怒りのエネルギーが消費されてしまっている。怒りはもっと上へ向け、制度変革のエネルギーにしたい。


竹中平蔵・慶応大教授はこう話している。

「『実質的』国有化という言葉がよく使われるが、これはおかしい。名目的に、完全な国有化が必要だ。[……]電力を供給するという機能は公的に必要だから、国が一時、それを肩代わりしましょう、ということだ。国有化している間、つまり議決権を100%持っている間に経営者に責任を取らせ、新しい経営者を入れ、必要なリストラを全部行う。その上で、それを民間に売ればいい。［……］（現在のプロセスは）東京電力という会社を残すためのものだ。国民からみれば、電力会社は必要だが、それが東京電力という会社である必要はまったくない。［……］こんな問題を起こしたのに、公的資金で生き残るというのでは国民が納得しない」[*2]

電力制度に詳しい八田達夫・学習院大学特別客員教授も次のように主張している。

「東電を破綻前国有化の状態に置き続けると、税で事故費用を賄う場合に比べて結果的に国民負担が上昇してしまう。［……］破綻を回避して資本注入を際限なく続けるのではなく、早い段階で国が事故費用を負担することにして、東電を破綻させたうえで国有化し、再建すべきだ」[*3]

中途半端な東電処理は、緊張感のない事故処理も生んでいる。国で除染を担う役所は環境省だ。2013年1月、その除染作業で手抜き作業が発覚した。

いったん土地に降り注いだ放射性物質は効率的に集まるはずがなく、除染作業には限りがない。海の水をくみ上げるようなものだ。したがって、原則や何らかの基準をもって作業を管理しなければ、作業は無限に広がり、除染費用も無限になる。「あとで東電に請求するから」という今の構図はムダとずさんを生みやすい。

個人的な意見をいえば、やはり、東電処理は中途半端だったろう。破綻処理した場合の混乱を避けて、より大きな混乱と問題を生んだ。社会的不公平感も助長された。

最初から東電を破綻処理し、事故処理、賠償はすべて、日本という国の責任において、国が覚悟を決めて、国民に説明しながら行う形がよかったのではないか。2013年以降の課題だ。

電力会社の強さ

東京電力は電気事業法で定められている「一般電気事業者」だ。安定供給の責任を負う代わりに地域独占を認められ、総括原価で一定の利益を保証される、いわゆる「電力会社」である。関東地方で発電、送電、配電の事業をすべて行い、日本の電力業界の売り上げ約15兆円の3分の1の売り上げをもつ超大企業だ。

原発事故後の2011年3月末の数字として、資本金9000億円、従業員3万6700人、売上高は5・15兆円。子会社を含めた連結の売り上げは5・37兆円、従業員数は5万3000人だ。

「経営・財務調査委員会」への報告では、2011年7月段階で、東電の関係会社は264社あり、子会社が166社、関連会社が98社と分類されている。従業員数は計3万2800人。本社と合わせれば約6万9500人、約7万人だ。関連会社の中には、売り上げ規模が4000億円の電気工事を請け負う関電工という巨大会社もある。

原発事故後は、この関係会社のうち、東電が持ち続ける意味のないものはできるだけ売却して、身軽になり、賠償などの資金を得る議論が行われてきた。
しかし、関係会社があまりに多く、その実態が外部にはなかなかわからないものが多かった。その解明に積極的に乗り出したのが東電の主要株主である東京都、とくに猪瀬直樹副知事だった。その調査の概要が週刊朝日に載っている。[*4]
記事によると、有価証券報告書に記載された子会社168社のうち、会社名が公表されていたのは40社のみで、あとは「他128社」と書かれていただけという。
東京都の調査の目的は、都心のビルに入っている会社が移転などをすれば家賃負担も減って東電に賠償用の現金も入るだろうということだった。
その中で、「東京リビングサービス」という会社が東京都を驚かせた。場所は東京・六本木。会社の仕事は主に東電がもつ厚生施設、社宅の営繕、賃貸など東電の福利厚生部門を担当するものだったが、従業員が994人もいたのである。
猪瀬副知事は「東電の経営はメタボリック症候群」だと述べている。「子会社、関係会社などファミリー企業との取引を随意契約でなく競争入札にしていけば、多分、コストは3割下がる」[*5]
2012年3月には、枝野経産相は「東電がグループ企業と結ぶ随意契約の3割削減」を求める考えを表明した。

日本の電力制度では大口、小口（中規模）需要家への小売りは自由化されており、家庭への小売りは規制料金だ。総括原価は規制料金に適用される。家庭の料金値上げは審議会で議論される（値下げは届け出のみ）が、自由化されている大口、小口は個別に契約されている。

つまり、電力会社は「料金が規制されている家庭部門」と「自由に価格を決められる企業（大口、小口）部門」をもっている。家庭部門では利益が保証されているが、自由価格分野ではどんな料金でどんな契約になっているかはわからない。実際はどうなっているのだろうか。

その実態が事故後の調査で初めてわかった。

２０１２年5月23日。先に述べた電気料金審査専門委員会の第2回会合に、事務局の資源エネルギー庁から「部門別収支について」という資料が提出された。

これは規制部門（家庭）と自由化部門（企業）に分けて、10電力会社の電気の売り上げと利益を記したものだ。

まず、２００６〜10年までの10社の売り上げ年平均は約15兆円。業界の巨大さがわかる。

問題になったのは利益構造だ。10社平均（06〜10年）で、販売した電力量は規制部門（家庭）が38％、自由化部門（企業）が62％で4対6の割合だが、利益となると家庭で69％、企業で31％となっていた。家庭の電力販売は4割だが利益の7割を稼いでいることになる。「家庭から取りすぎではないか」ということになった。

とくに東電は偏りが激しく、電力販売量38％で利益は91％にもなっていた。[*6]

私はこんな資料をそれまで見たことがなかった。電力料金の値上げ申請があったことで一般の目に触れたといえる。

これは家庭に高い電気を売り、企業に安い電気を売っているということだ。別の言い方をすれば、競争のない家庭部門で利益を確保し、競争のある企業分野では電気代を安くして、競争相手の参入、進出を拒んでいるともいえる。

電力会社は、一つの企業が規制部門と自由化部門の両方をもち、全体で経営をするという「どんぶり勘定」だ。その巨大などんぶりの内部の仕切りが垣間見えた。

「家庭で儲けている」のが目立つ会社はほかにもあった。例えば、東北電力は家庭への電力販売量が36%で、利益は61%、関西電力は家庭の電力量は38%で利益は65%、中国電力は家庭の電力量が35%で利益は77%だった。

この内容が報道された日、東電は即日、ホームページにコメントを載せ、「利益の偏りは年度固有の問題」と釈明した。「新潟県中越沖地震以降の柏崎刈羽原発の全号停止や燃料価格の歴史的高騰による火力燃料費の増加により、燃料費のウエートが相対的に高い自由化部門の収支がより圧迫された……」というものだった。

しかし、「家庭で利益をあげる」はあまりにはっきりしている。07年には10社平均で、家庭の電力販売量は37%なのに、利益はなんと99%だった。次の08年はついに企業向けが赤字で家庭だけで稼いでいた。つまり、燃料費の変動などで電力会社の利益は、毎年上がったり下がったり変動するが、家庭からはしっかり利益をあげ続けてきたのは間違いない。

電気料金審査専門委員会では、消費者団体代表が、「家庭から取りすぎていたわけなので、返すべきではないか」と怒りを表明していた。

これまでも、工場などの電気は1キロワット時あたりでは安く、家庭が高いことは知られていた。委員会に提出された資料では、東電の場合、超大口の10社に売っている値段が平均で1キロワット時あたり11・8円、一般企業向けが平均で15・04円、家庭が23・34円だ。12年の値上がり前である。

家庭の料金が高いことについて、これまで電力会社は、「家庭は少量の電気をこまごま送り、集金にも手間がかかるのでコストばかりがかかる」と説明していた。だが、それは本当ではなかった。電力会社はそのこまごました家庭から利益を上げる構造になっていた。

電気料金は、家庭などの規制料金は、その価格がはっきりわかっているが、自由に値段をつけられる比較的大きな需要家にはいくらで売ってもかまわない。公開部分と非公開部分が一緒になった「どんぶり勘定」になっている。

そもそも、規制部門（家庭など）の電気料金の設定についても、企業努力で発電コストをぎりぎりまで下げる努力をしているのかという疑問もあった。

そのとおりだった。原発事故後に経産相の下にできた「東京電力に関する経営・財務調査委員会」の調査では、料金値下げの際に申告した原価は、東電の「言い値」で本当の原価より高く設定されていたとの結論を出している。その額は、過去10年間の累計で6186億円。その分、規制部門（家庭）の料金は高すぎるものになっていたということだ。「規制部門だから正しくチェックされている」というのも幻想だった。

では大口需要家など自由化部門ではどうか。自由化部門といっても自由に電力会社を選べない。関東では東京電力以外から買おうと思っても、事実上、東電以外に業者はいない。需要家から見れば「選択肢なき自由化」というおかしな制度になっている。原発事故後、東京都など東電管内の自治体が中部電力などに「電気を売って欲しい」と頼んでも売ってもらえなかった。9社は「仲間が困ることはしない」のである。

料金制度はどう見ても問題だらけである。考えてみれば「発電原価や料金のレベル」を役所が厳正にチェックするというのは面倒で大変な作業だ。やはり、競争を導入するのが簡単、公平に適正価格に近づく早道だろう。

電力制度と既得権を守る

東電の経済的な強さはこのように、競争相手のいない分野で、総括原価方式という制度に守られていることが第一だが、もう一つ、東電は巨大な「買い手」である。日本中の企業から膨大な買い物をする。この巨額の調達も強さの源泉だ。

2010年の買電・燃料調達コストが1兆9834億円。資材・役務調達コストは1兆2527億円。燃料は外国から買うが、資材・役務調達コストのほうは、国内の企業から買い付ける。この巨額のお金に日本中の企業がむらがるといっても過言ではない。ほかの電力会社も同じだ。

さらに電力会社がものを買う場合は、随意契約が多く、あまり厳しい値下げを求めない、売り手にとってはやさしい調達者だった。

東電の「経営・財務調査委員会」はこうした分析を進め、委員会報告の「調査分析結果を受けての意見」（2011年10月3日）の冒頭で次のように書いている。[*7]

「東電の経営・財務を調査する過程で次第に明らかになったことの一つは、資産管理や人件費のあり方、あるいは資材や資源の調達、設備投資には、その特有の電気料金システムなどの制度に由来する非効率が明確に存在するということだった。その一方では、高い報酬の支払いや高収益からくる不透明な出費および出資が目立った」

「総じて制度による保護に依存してきた東電にはその企業体質、企業文化を転換し、より透明度が高く、風通しのよい、全く新しい企業文化を育てる気概と行動力が求められている。事業運営の効率化や国民負担の最小化に取り組む中から、不断の自己改革に挑む社風をつくりあげていく必要がある」

要するに、電力会社には余裕があり、いわば「ゆったりとした経営」をしてきた。ファミリー企業への発注が多く、それも高めの値段だった。それらは結局、電気料金を押し上げている。これは東電への指摘だが、ほかの電力会社も同じ制度の中にある。

電力会社の力は、各地域で見れば絶大だ。地域では圧倒的に最大の企業であり、各地域の経済団体のトップかナンバー2を電力会社出身者が占めている。

経営が安定し社員の待遇がいい電力会社には、優秀な人材が集まる。高い学歴集団で、官界、経済界、政界との間で学歴ネットワークを維持し、全体として、現在の電力制度と既得権を守る方向に力を発揮する。

そもそも地域独占の業態なので、営業での競争はあまりない。外国でのビジネスもほとんどない。オール電化を掲げてガス会社と競り合うことなどが大きな課題かもしれない。一方、会社内部での出世競争は激しく、それは会社への帰属意識を強める方向への力として働く。

福島原発事故に関する国会事故調の黒川清委員長は、事故調査報告書の「はじめに」で、役人や東電社員に共通するこの意識と、原発事故との関係性を次のように書いている。

「入社や入省年次で上り詰める『単線路線のエリート』たちにとって、前例を踏襲すること、組織の利益を守ることは、重要な使命となった。この使命は、国民の命を守ることよりも優先され、世界の安全に対する動向を知りながらも、それらに目を向けず安全対策は先送りされた」

福島原発事故のあとでも、東電を始めとする電力会社の中からは原子力依存の電力政策を見直すといった動きは表面化しない。外から見れば、一枚岩で原発を守り、会社を守っている。

会社の力に加え、労組の力も相乗的に働く。原発に関する政策などは会社と同じ立場だ。「会社は自民党議員に影響力をもち、労組は民主党議員に影響力をもつ」といわれる。

この構図は地方でも同じだ。2012年10月、中部電力浜岡原発（静岡県）の再稼働の是非をめぐる住民投票条例案が静岡県議会で否決された。このときにはまさに、経済界が自民系議員を中心に条例案つぶしを働きかけ、一方、電力総連が民主系議員に働きかけた。民主系議員は下請け会社も含め労組から選挙応援を受けている。

自己変革の機会生かせず

電力供給という公益事業を地域分割で独占し、「総括原価」という利益が保証される経営形態によって、電力会社は巨大化した。その経済的強さに立って、政治的な強さも獲得したが、その使い方を間違った面がある。福島原発事故の前、東電だけでなく電力業界は過酷事故対策が強まるのを嫌がり、規制当局へ働きかけたのである。

しかし、規制強化を嫌がる体質を自ら変える機会が二度あった。

一度目は、２００２年8月に発覚した「原発トラブル隠し」だ（第4章参照）。東京電力は、原子炉圧力容器内にあるシュラウド（炉心隔壁）のひびの発見など、原発の点検で見つけた不都合なデータを改ざん、隠蔽していた。

なかでも極めて悪質だったのは、福島第一原発1号機で国の検査をだました件だ。

その原子炉では、気密が保たれるべき格納容器で空気漏れが起きていた。東電と原発メーカーである日立製作所はそれを知ったうえで、91年と92年の2回、事前に十分に準備し、漏れる分だけを注入する細工をし、国の検査官が来ているときに計器が「正常値」を示すように偽装したのである。

当時、1号機は調子が悪くて稼働率が低迷していた。点検で停止時間が伸び、さらに稼働率が落ちることを避けるためだった。しかし、どこが漏れているのか追及せずに放置したまま、形だけを取り繕って検査を通す。多数の社員が関係して「ゲーム感覚」で偽装していた。当時、この事件を調べた社外弁護士調査団は「犯罪行為なのに（詳細を）忘れるという罪悪感のなさ」に驚き、「ほかに同じような不正があっても不思議ではない」と話していた。

3・11で最初に炉心溶融し、水素爆発した福島第一原発1号機はこのように扱われていたのである。

このときも東電は外向けには、不正を「させない仕組み、しない風土」という上手なキャッチフレーズで20項目もの再発防止策をつくって公表したが、会社の体質は変わっただろうか。そのときは原子力本部長に火力部門出身者を抜擢するなど、「社内の原子力村」の風土を変えようとしたが、長続きしなかった。20項目の防止策にしても、「（あれは）本社の頭のいい連中がつくっただけ」という東電幹部もいた。

こうしたスキャンダルが出た場合の東電の収拾の仕方には特徴がある。「外部の大物」に調査を依頼し、「第三者が徹底的にやっている姿」を強調するのである。このトラブル隠し事件でも、元検事総長を団長とする弁護士調査団をつくり調査した。彼らの調査能力はさすがで、聞き取りで多くの事実を探り出した。

しかし、その調査報告書の発表は異様だった。分厚い報告書を発表するとき、その大物の社外調査団がずらりと並んだ。発表を聞く記者は、２００人ぐらいはいただろう。こうした「巨大会見」では細かいところをどんどん掘り下げることは不可能だ。各社の記者がそれぞれの関心で、統一性のないぱらぱらとした質問をして、時間が過ぎるのである。

この事件で圧倒的に犯罪性が高かったのは、格納容器の気密性の偽装だ。事前に何度も東電と日立で会議を開いておおっぴらに準備するなど、罪悪感もなく、普通の業務のように実施していた。

会見には私自身も出席しており、いくらでも聞きたいことがあったが、自分だけが聞くわけにもいかないし、その問題に質問の焦点が合うわけでもない。大規模記者会見は、当然のごとくメディア側のつっこみが弱く、焦点が定まらないまま終わった。

この事件は、東電が定期点検に緊張感がなく、規制官庁の原子力安全・保安院をなめきっているなど、まさに国会事故調報告書で指摘された「規制当局を虜にしている体質」を如実に表していた。

東電は、この事件で5人の幹部が辞任し、それ以外では、大打撃を受けないようにする「ダメージ・コントロール」をうまくやったのかもしれないが、本当に社内体質を変えることに成功したとは思えない。逆に、「経産省に5人も辞めさせられた」という被害者意識を強くもったのではないか。

もう一つは、２００７年７月の新潟県中越沖地震だった。

新潟県の海岸沿いにある柏崎刈羽原発には7基の原発があり、総出力は８２０万キロワットで一カ所の発電所としては世界最大だ。新潟県中越沖地震はこの原発を激しく揺らし、3号機の変圧器から火災が起き、2時間にわたって黒煙を噴き上げた。

柏崎市消防本部は、地震発生直後から住民の救助などに出動した。原発からの連絡を受けた柏崎市消防本部は、「すぐには対応できない。まずは自衛消防隊で対応して」と返答した。原発には初期消火にあたる電力会社が自前でもつ自衛消防隊がある。しかし、自衛消防隊にはなぜか連絡がいかず、だれも消火活動に駆けつけなかった。

燃えていたのは変圧器の油で、「原発からもくもくと出続ける黒煙と、消火活動をしている姿がまったくない光景」がＮＨＫのヘリコプターからの映像として延々とテレビに映った。

近くにある消火栓は、配水管が破損していたため、使えなかった。トラックには小型ポンプが積んであったが、だれも使用を思いつかなかったという。

結局、非番だった柏崎市消防本部の隊員が駆けつけて消火した。原発が地震で火事になったのは初めてだった。自衛消防隊もいざというとき役立たなかった。

火事よりも問題は揺れの大きさだった。原子炉建屋の最下階で揺れが大きかったのは、１号機の地下５階の地震計で６８０ガルを記録した。この場所での設計時の想定値は２７３ガルなので、その２・５倍だった。

原発全体の揺れはすさまじく、揺れが許容値を超え、多くの地震計で地震波形が正確に記録されていなかった。

３号機のタービン建屋１階の地震計が２０５８ガルの最大加速度を記録していた。これは設計時の揺れの最大想定８３４ガルの２・５倍であり、もう「とんでもない値」である。地表の重力加速度は垂直方向に９８０ガル（１Ｇ）である。２０００ガルというのは、建物が一瞬だが、自重の２倍（２Ｇ）の力で横方向に押されたことになる。たいていの建物は壊れる。

６８０ガルは、「地下の岩盤で測定された地震そのものの揺れ」であり、２０５８ガルは原発の建物が応答、共振して増幅した値である。そのどちらも、「設計時の想定」をせせら笑うような大きな値だった。

原発の設計の前提をはるかに超えた地震が原発を襲った。事前の想定がいかに小さかったか、自然の力がいかに簡単に人間の想定を超えるか、そして消火にみられるように、大事故のときは人間の対応がいかにうまくいかないかを、まじめに考えるべきだった。

しかし、東電は、これほど想定外の揺れがきても原発自体は壊れなかった、火事は原発外にある変圧器で、原発そのものではないと主張した。つまり、計算以上の地震がきても原発は大丈夫だとPRした。

新潟の地震では「想定外が起きても大丈夫」といい、福島では「想定外の地震・津波だったからどうしようもなかった」という。新潟の地震のあと「いかに人間の想定が簡単に破られるか」ということを真剣に考えていたら、福島原発事故はどうなっていたか。

「後知恵」といわれそうだが、こうも考えられる。新潟で原発の設計想定を大きく超える地震が起きたことから「もし、太平洋側でそんなことが起きたら?」と考えていたらどうなったか。

日本海では海溝型の巨大地震がないので、揺れは大きくても、津波は小さい。しかし、太平洋側で想定を大きく超える地震を考えたら、海溝型の地震なので津波の高さも巨大なものになる……。このように自然災害への危機感が増したのではないだろうか。

それでも東電は一つ、決定的なところで教訓を生かしている。新潟の地震で事務棟が壊れて困ったことから、免震構造の建物を福島原発に急遽つくったことだ。3・11では非常に役立った。3月12日に1

号機の建屋が水素爆発して、付近が放射能で汚染されたあとは、作業員はその建物に籠城する形になった。そこで1～4号機の制御を行った。

もし、その免震棟がなかったら、福島第一原発全体の作業が続けられなかっただろう。それ以上の想像は恐ろしすぎる。福島第一原発から作業員が逃げてしまったら、第一原発で稼働中だった原発、使用済み燃料のプールの放棄につながっていたら……、菅直人首相が心配した「東京も放棄するような広大な国土の汚染」が起きただろう。

新潟県中越沖地震を教訓に建設された福島第一原発の免震棟は、3・11の9カ月前に完成したばかりだった。ぎりぎり間に合っていたのである。

＊1 「東電、早期救済を妨害」朝日新聞、2012年7月7日

＊2 「（インタビュー）東電処理は足利銀行モデルに、完全国有化が必要＝竹中平蔵慶大教授」、ウォールストリート・ジャーナル日本版、2012年3月8日

＊3 「東電再生への課題（下）、『破綻前国有化』は前途多難」日本経済新聞、2012年5月10日

＊4 「ふざけるな！東電のウソ『値上げの原因は燃料高』は口実　ひた隠す埋蔵金、一挙公開」週刊朝日、2012年2月24日

＊5　「『独占体制を崩す』『ムダ削減策提案』　東電改革、猪瀬副知事に聞く」朝日新聞、２０１２年4月24日

＊6　「部門別収支について」電気料金審査専門委員会第2回会合・資料4、資源エネルギー庁、２０１２年5月23日

＊7　「委員会報告」東京電力に関する経営・財務調査委員会、２０１１年10月3日

第9章　原子力政策と電力制度を考える

これまでの章で書いてきたように、日本の原子力・エネルギー政策は、「原子力への過度の依存」「電力自由化を拒む地域独占、発送電一貫の電力制度」「極端に少ない自然エネルギー」などの問題を抱えていた。これら3大テーマについて、民主党政権は福島事故後、かなり本格的な議論を進めたが、改革を軌道に乗せる前に政権交代となった。福島後に展開されたこれらの政策論争をたどり、将来の日本のエネルギー政策を考える。

原子力の歴史的位置

１９７０年代までは、原子力が21世紀のエネルギー問題を解決するだろうと思われていた。70年代半ばの予測では、２０００年を超えるころには、日本を含め世界には原発と高速増殖炉（ＦＢＲ）が計20億キロワットほども林立しているはずだった。

しかし、現実には原発は１９９０年ごろから頭打ちになり、以来、原発総数は横ばいとなっている（**図1**）。２０１２年7月時点で稼働している原発は世界で４２９基、設備容量は３・64億キロワットだ。容量だけでいえば、４～5年のうちに風力発電（11年末に2・38億キロワット）に抜かれると見られる。

原発基数のピークは２００２年の４４４基。２０１１年には世界の電気の11％を発電したが、１９９３年には17％を発電していた。

米スリーマイル島原発事故（１９７９年）、旧ソ連チェルノブイリ原発事故（１９８６年）に続き、3度目の大事故である福島事故が、世界を揺さぶっている。福島後、ベルギー、ドイツ、スイス、イタリア、台湾などで建設計画が止まったり、将来的な脱原発を決めたりした。[*1]

一方、中国、英国、インド、ポーランド、ロシアなどは積極的な原発計画を続けようとしている。英国は先進国の中では珍しく「悩んでいる国」である。地球温暖化対策で原子力オプションはなくせないとしているが、世論の反対や資金不足で建設計画は進展していない。

一般に積極的な原発計画をもつ国は、人口が急増する途上国、あるいは元の社会主義国といえる。チ

図１　世界における、年ごとの原発の運転開始基数と廃炉（停止）基数

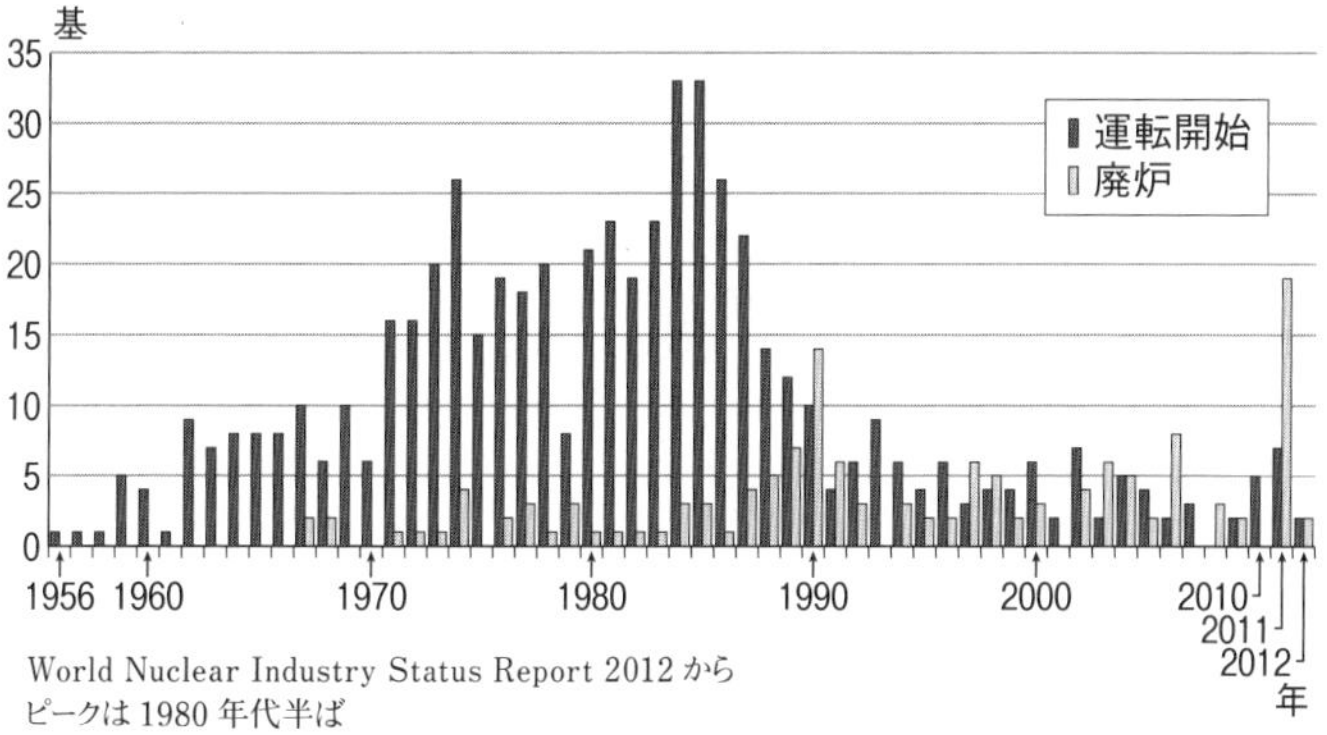

World Nuclear Industry Status Report 2012 から
ピークは 1980 年代半ば

エルノブイリ、福島という二つの大事故で明らかになったのは、原発はいざ事故が起きた場合、事故時の危険な作業の命令、事故後の強制疎開など、さまざまな面で大きな犠牲と強制的権力の行使が必要になる技術だということだ。強い国家権力で物事を決める国に向いているともいえる。

原子力エネルギーの魅力は「巨大なエネルギーを安く生み出すこと」だった。しかし、「安さ」での優位は失いつつある。米国で新しい原発が建たない最大の理由は、天然ガスや風力発電所に比べ当初の建設コストが高いからだ。

長期の発電コストでみても高くなっている。日本の資源エネルギー庁は長い間、原発の発電コストは安いと説明してきた。同庁の04年の試算では1キロワット時の発電コストは石油火力の10・7円、ＬＮＧ火力の５・７円に比べ、原子力は５・３円とした。ある大きさの原発をつくったとしたら、というモデル計算だ。

しかし、立命館大学の大島堅一教授が実際にかかった費用で考える「実績値」を調べたところ、１９７０年から２０１０年度の平均では、原子力が1キロワット時の発電で10・25円と最も高く、火力が9・91円、もっとも安いのが一般水力で3・91円（揚水と合わせると7・19円）だった（**表1**）。

資源エネルギー庁の計算と異なるのは、原子力の場合は立地対策コストと研究開発コストが高いことだ。これは、政府の補助金などの形でまかなわれるので、電力会社にとっての支出ではない場合が多いが、社会的にはコストになる。大島氏は「原子力は国民的負担という点では経済的に劣る電源」としている。[*2]

そしてこれは「福島前」の数字である。原子力委員会は3・11の半年後、事故による発電コスト上乗せ分の計算をした。福島事故を参考に、出力120万キロワットの原発が大事故を起こしたときの損害を3・88兆円として考えた。福島事故を「1回の事故」と考えるか、3基の原子炉が炉心溶融したことから「3回の事故」とするかで、事故頻度が変わってくる。「3回」と考えて稼働率を70％とすれば、発電コスト上乗せは1・1円になる。5円とか6円とか言われているところに1円の上乗せは大きい（**表2**）。

しかし、福島のような大事故の損害額を3・88兆円とすることは過小評価だという意見が強い。除染、賠償、廃炉費用がどこまで膨らむかはわからない。損害が10兆円とすれば3円ほど、20兆円では6円ほどの発電コストになる。事故を考えると発電コストは跳ね上がる。

技術的にみても、原発の場合、発展はあまり見込めない。原発を安全に保つには高い技術が必要だが、そもそもの目的である熱エネルギーを電気に変換する効率は30％強と低く、今後も改善の余地がない。

表１　発電の実際のコスト（1970〜2010年度平均）

（単位：円／キロワット時）

	発電に直接要するコスト	政策コスト		合計
		研究開発コスト	立地対策コスト	
原子力	8.53	1.46	0.26	10.25
火力	9.87	0.01	0.03	9.91
水力	7.09	0.08	0.02	7.19
一般水力	3.86	0.04	0.01	3.91
揚水	52.04	0.86	0.16	53.07

大島堅一氏著『原発のコスト』（岩波新書）から

表２　原発事故のコスト試算（原子力委員会、2011年10月）

	事故のコスト（１キロワット時あたり）	
大事故の発生頻度（回／炉年）	原発稼働率60％	原発稼働率70％
6.7×10^{-4}（今回事故を１回と考える）	0.41円	0.35円
2×10^{-3}（今回事故を３回と考える）	1.2円	1.1円

出力120万 kW の原発が福島なみの大事故を起こす場合を考える。損害は3.88兆円

最新鋭の火力発電の効率は60％ほどにもなっている。

原子力利用の完成型と思われた高速増殖炉（FBR）も色褪せた。日本では1950年代から研究を始め、今では実用化が2050年ごろだとしている。FBRは、原理的には普通の原発とほぼ同じで1950年に考えたFBRと2050年に実用化するとしているFBRもあまり変わらないものである。それが100年も実用化できないのは、ナトリウムを使うことで普通の原発より危険性が大きいことと、再処理を伴うため核拡散のリスクが高まること、経済性がないことによる。近い将来に、FBRが求められる時代がくる状況ではない。

もう一つ、原子力は、いつまでも解決されない「トイレなきマンション」という問題を

抱えている。日本学術会議は２０１２年9月、地下に廃棄する予定の高レベル放射性廃棄物について、火山活動が活発な日本で、万年単位で安定した地層を見つけるのは現在の科学的知識と技術能力では限界があるとして、地中廃棄計画を白紙に戻し、とりあえず数十年から数百年の間、地表などに一時保管することを提言した。これに対して、原子力委員会は11月、これまでどおり、地中廃棄を追求することを明らかにした。

これは、どちらが正しいのか。私は「どちらも正しい」と思う。学術会議がいうように、日本には、5万年も10万年も安定が保証される地層はなく、放射性廃棄物を安心して地層処分できる場所はない。そして、原子力委員会がいうように、「それでも地下に捨てるしか方法はない」のである。３・11後、原発をどうするかの議論が活発だが、このように廃棄物については、日本ではとくに解決が全く見えない状態が続いているのである。

２０１１年にドイツが脱原発を決めた理由は明快だ。「原発のリスクはゼロにはならない。事故が起きれば取り返しがつかない。発電の手段ならばほかにある。脱原発、自然エネルギー推進が経済的利益になる」である。核兵器をもたない国にとっては、原発はしょせん「電気をつくる手段」であり、事故リスクや放射性廃棄物の問題を抱えてまで推進することはないとの考えだ。

そのドイツでは２０１１年の原発による発電総量を、自然エネルギーの発電総量がついに超えた。福島事故後17基の原発のうち8基を止めたことも大きいが、「原発を自然エネルギーで代替する」ということが、絵空事ではない時代に入っている。

戦後、日本は「唯一の被爆国である日本こそが平和利用に徹することができる」として原子力利用に踏み出したが、今では、「日本の原発維持は外交的には潜在的な核抑止力として機能する」といった主張に代表されるような、「発電手段以外」のパワーをも求めるようになっている。もっとはっきり、「核兵器開発能力の維持」をいう人もいる。ある程度の「大国」には欠かせない要素だということだ。

原発が実用化されてからほぼ50年。コストが高くなり、廃棄物処理も未解決だ。発電手段として長期的に考えると、自然エネルギーへの過渡的技術ということがはっきりしてきた。そして大事故が起きた。日本は原発をどう考え、どう扱うかの岐路にある。

「30年代原発ゼロ」の衝撃

福島原発事故の後、日本の原発状況は想像しなかった方向に動いていった。原発は定期検査のために1基ずつ止まり、2012年5月はじめ、日本の50基の原発すべてが止まったのである。

そして、かなりの猛暑だった12年の夏、50基のうち関西電力の大飯原発（福井県）3、4号機だけは政府の政治判断で稼働したが、48基が止まったままで日本は停電もなく夏を過ごした。日本にはこんなにも予備の発電能力があったのかと驚かざるをえない。

最も停電に近いと思われていたのが関電管内だった。夏前、関電は夏の最大需要を2987万キロワットと見ていた。猛烈な暑さだった2010年から想定したが、12年の夏の最大需要は、2682万キロワットと、11％の余裕があった。大飯原発2基（計236万キロワット）がなかったとしても停電は起きなかった計算になる。

停電危機の程度は、関電一社でなく、中部電力から西の6社を全体で見る方が正しい。同じ60ヘルツなので、いざとなると融通できるからだ。この6社を合計した数字でもピーク需要時にはやはり11％の供給力の余裕があった。東日本の電力供給にも余裕があった。東京電力管内の最大需要は２０１０年ピークより18％も減った。

12年の夏を乗り切ったことで、「原発を停止させたら停電になる」という主張は説得力を失った。今後は停止させることの経済的影響、電気料金への跳ね返りなど、多様な側面から原発の是非を議論する時代になる。

こうした状況の中で、２０１２年9月14日、政府が新方針「革新的エネルギー・環境戦略」を発表した。核心は「２０３０年代の原発ゼロをめざす」。戦後のエネルギー政策を１８０度変えるものだ。

《1》【原発に依存しない社会の1日も早い実現】２０３０年代に原発稼働ゼロを可能とするよう、あらゆる政策資源を投入する。

（1）それを実現するための3つの原則

①40年運転制限を厳格に適用

②原子力規制委員会の安全確認を得たもののみを再稼働する

③原発の新増設は行わない

（2）実現に向けた5つの政策

①核燃料サイクル政策

・国際的責務を果たしつつ再処理事業に取り組む。関係自治体や国際社会とコミュニケーションを図りつつ、責任をもって議論

・直接処分の研究に着手。もんじゅは高速増殖炉開発のとりまとめ、廃棄物の減容等をめざした研究を行うこととし、年限を区切った研究計画を策定、実行し、成果を確認のうえ、研究を終了

・バックエンド事業は国も責任をもつ

②人材や技術の維持・強化

③国際社会との連携

④立地地域対策の強化

⑤原子力事業体制と原子力損害賠償制度

《2》【グリーンエネルギー革命の実現】２０３０年までに１１００億キロワット時以上の節電。石油換算で７２００万キロリットル以上の省エネ。水力を除く再生可能エネルギー設備容量は1億８００万キロワットで２０１０年（９００万キロワット）の12倍にする。

《3》【エネルギー安定供給】30年までにコジェネ（ガスなどで発電と熱利用の両方を行うシステム）を１５００億キロワット時（２０１０年の5倍）導入。

《4》【電力システム（送電線）改革の断行】

《5》【地球温暖化対策】

＊

核心は「2030年代に原発ゼロを可能とするよう、あらゆる政策資源を投入する」。つまり、「30年代に原発ゼロをめざす」である。これは驚くべきメッセージである。ほんの2年前、2010年のエネルギー基本計画では「2020年までに9基の原発を建設、2030年までに14基を建設」を掲げ、30年には発電の半分を原発でまかなうとしていたのである。

原発事故後、政府は「2030年に原子力発電がゼロ%」「15%」「20〜25%」の三つの選択肢を示して国民的議論をよびかけた。

当初はだれもが「15%に落ち着くだろう」と思っていたが、議論を進めるうちに、「ゼロ%」を求める声が大きくなり、政府もそれを強く反映させた内容にまとめざるをえなかった。「30年にゼロ」は従来路線に比べ劇的すぎるので「2030年代にゼロ」という形にしたものだ。政府は、民意に押されて予定外の「原発ゼロ」にまで踏み込んだといえる。

しかし、新戦略は原発推進派、電力業界から激しい反発を浴びることになった。

松尾新吾・九州経済連合会会長（元九電社長）は、脱原発の新戦略がでたあとの朝日新聞（九州地域）のインタビューでこう述べている。

「民意、民意というが、サイレントマジョリティー（声なき多数）を考えるべきだ。脱原発のデモに何万人も参加したかも知れないが、国民の5割や6割がそう思っているのか。必ずしもそうではないと思う」「今でも（原子力の発電比率を）7割8割にすべきだと思っています」[*3]

今どき「7割8割」という人も珍しいが、原発を大きく減らすことに反対する人は多い。「原発ゼロ方針」に付随する最大の問題は核燃料サイクルだった。日本が脱原発に向かうのであれば、ウランを節約するためにコストをかけてプルトニウムを取り出す再処理・サイクルは意味を失うことになる。しかし、新戦略では「核燃料サイクル政策の継続」をうたっている。

最大の理由は青森県の反対だ。核燃料サイクルの施設が立地する青森県は、サイクルが止まるのであれば、県内にある原発の使用済み燃料を各原発に持ち返ってもらうと主張している。

青森県の反対に象徴される、過去の原子力政策の支持勢力を説得することができず、「サイクルは継続」とするしかなかった。高速増殖炉「もんじゅ」も原案では「廃止」だったが、「少なくとも当面は動かす」内容になった。

米国からの圧力もあった。米国には、長島昭久・首相補佐官と大串博志・内閣府政務官が発表直前に訪米し、ホワイトハウス、国務省、エネルギー省を回った。

米国ではホワイトハウスもエネルギー省も口をそろえて新方針への不賛成、懸念を表明した。そして「その新政策はどんな形式（formality）で決定するのか」を気にした。①法律をつくるのか、②閣議決定するのか、③その他の方法なのか、ということだ。①や②は拘束力が強いのでやらないほうがいい、という圧力だった。

反対の理由は、まず、核不拡散の観点からいえば「原発をやめるが核燃サイクルは続けるという選択は認められない」ということだ。

原子力産業の将来も心配している。近年、原子力メーカーは日本と米国の提携が進んで、ほとんど運命共同体になっている。日本の国内市場がなくなってメーカーに力がなくなれば米国メーカーの力も落ちる。将来、原発建設の国際市場でロシアと中国が台頭してくるのは間違いない。その中で日米の力が落ちるのは、安全保障の観点からもよくない、ということだ。

野田政権は新戦略そのものの閣議決定はあきらめ、「この戦略を参考にして政策を進める」という閣議決定をした。少し弱い形だ。米国側からのプレッシャーが決定的だった。個別の理由はいくつかあるが、ひと言でいえば「脱原発なんて大転換を今の政権でやり切ることができるのか。こんな大問題を軽く決めるな」だった。

米国の日本政策に詳しい米戦略国際問題研究所（CSIS）のジョン・ハムレ所長が、朝日新聞のインタビューにこう答えている。

「（日本が原発をやめれば）日本が弱く貧しい国になってしまう。〔……〕我々は、将来にわたって原子力エネルギーの広がりを管理するとともに、（核兵器の）拡散を防止することを国益と考えている。世界各国に対して、核の安全を説くことができるのは、自ら原子力の運用を行っている国だけだ」[*4]。米国は日本をアジアにおける戦略的パートナーとして重く見ている。原発問題は日米同盟、世界の核管理、中国への牽制力維持などに深く関連し、簡単に止められるものではない、ということをいっているのである。

こうした考えは、12年8月にCSISから公表されたリチャード・アーミテージ、ジョセフ・ナイ氏の共同論文「日米同盟／アジアの安定を支える」（一般に「アーミテージ＝ナイ報告」といわれる）でも強調されている。

「原子力はエネルギー安全保障、経済成長、環境面での利益の分野において、今なお極めて大きな潜在力をもっている。日本と米国は国内的にも国際的にも安全で信頼性の高い原子力を推進することに、政治的かつ商業的利益を共有している」[*5]

しかし、こうした米国の圧力、意向を聞いても、野田首相は「原発ゼロ戦略」を決定した。国内外さまざまな方面から批判をあびたということは、政府が「原発ゼロへ」というメッセージを初めて出した衝撃の大きさを表している。

新戦略の発表直後、これをまとめるうえで中心的な役割を果たした古川元久・前国家戦略室大臣に私はインタビューした。「原発ゼロと核燃料サイクル継続は矛盾しますね」というと、古川氏は「これは、『おも舵いっぱい』の宣言だ」と答えた。つまり、原子力政策は巨大な船のようなもので、一気に方向は変わらない。舵をいっぱいに切っても大きく、ゆっくりとしか回らない。「新戦略は大転換の最初の『おも舵いっぱい』という決断だ。しばらくは矛盾を抱えながら時間をかけて方向転換せざるを得ない。

なぜなら、現状の核燃料サイクル政策だって矛盾を抱えた存在だから」という。

新戦略は、当時の政権が出した「せいいっぱいの大方針転換」だった。

新戦略を出した3カ月後、12月16日の総選挙で民主党は大敗し、自民党政権に移った。自民党は民主党がつくった新戦略を踏襲しないとしている。歴史的な「原発ゼロをめざす」という旗は3カ月で降ろされた。

本当の発送電分離を

日本では電力自由化の議論は、2008年で止まっていたが（第7章参照）、2012年に再開された。電力制度改革の核心は「電力市場を自由化すること」であり、自由化の核心は「発送電分離」だ。12年2月に始まった「電力システム改革専門委員会」（経産省の委員会）は発送電分離も含む自由化全般を検討した。

委員会が設置されたきっかけは、3・11のあと、東電管内で大規模な計画停電が起き、さらに電力需要が増える夏場には、東電、東北電力管内では、一律15%の電力使用制限令を出したことだ。

これは、先進国の電力制度としては大問題だった。地震、津波で原発など多くの発電所が止まったから停電した、では片付けられない。「西日本では電気が余っていたのに東日本では停電、あるいは使用制限令を出した」からだ。「日本の送電線は全国に電気を送れない」という、以前から指摘されていた問題が最悪の形で露呈した。全国を10地域に分け、電力会社が責任をもって安定供給する――。電力業界が誇ってきた「日本型安定供給モデル」の敗北を意味するものだった。

「電力システム改革専門委員会」には大きな特徴があった。委員に明確な「電力自由化論者」がかなり入っていたのである。高橋洋・富士通総研研究員、八田達夫・学習院大学特別客員教授、松村敏弘・東大教授、大田弘子・政策研究大学院大学教授らだ。このメンバーを見て感じるのは、「経産省はある程度、本気で電力制度を変えようとしている」ということだ。委員会には電力業界幹部は正式メンバーとしては入らず、意見を述べるオブザーバーとして参加した。

経産省も「そろそろ制度を変えるとき」と思ったのだろう。しかし、政治の世界の空気が変われば経産省はいつなんどき変身するかわからないし、形だけの改革で終わるかもしれない――。歴史の教訓だ。

専門委員会は難しい電気の専門用語を使いながら、激しいやりとりが続いた。議事録を参考に一部を再現する。2月2日の第1回委員会――。

八田氏「各委員は電力会社から研究費をもらっているのか、いないのかをはっきりさせよう。日本では停電が少ないといわれてきた。しかし、一定の限度を超えて需給が逼迫するとリアルタイムで価格による需給調整機能がないので、もう打つ手がないという危険性を絶えず抱えてきた。3・11の後では、不幸なことにそういう事態が起きた」

高橋氏「これまでの電力システムの問題は①原発に依存しすぎた、②集中型電源に依存しすぎた、③電気を融通しにくい地域独占だったために3・11後の停電がひどくなった、である」

大田氏「規制分野と非規制分野を明確に分離すること。送電と系統運用（送電線の運用）は規制分野ですが、発電と小売りは非規制分野です。地域独占は崩すべきですし、小売りは全面自由化すべきです」

その後の会議も本音の激しいやりとりが続いた。焦点は、「どの程度の発送電分離と送電線の広域運用をめざすのか」。これらが本当に行われれば、1951年以来の発送電一貫体制と地域独占が崩れる。このほかでは、自由化した場合にだれが供給責任をもつのか、だった。

「日本みたいな小さな国で、何で連系ができないのか不思議だ。すでに連系線があるわけだから。それを使えば再エネの導入も促進できるのに」（消費者会代表）

「今までは発電と送電が一体的に協調して設備形成を行ってきた。我が国のような、閉じた狭い国土においてはそれをやっていかなくてはならない」（親電力派）

「発送電一貫はむしろ、送電線の広域運用を阻害してきた。電力会社は自社の原発のためには送電網は敷くけども、他社の風力のためには敷かない。あるいは地域間の連系線については建設が進まない」（自由化派）

「電力会社の発言で自主的対応、自主的対応、自主的対応が繰り返されました。しかし、今までの自主的対応で結果がこれだけプアであったにもかかわらず、これからは良くなる、期待しろというの

か」（自由化派）

「おそらく公共料金の中でもこの十数年間で一番値下げしているのは電力だと思う。電力は安定供給と世界最高の品質を保ちながらこれだけ値下げをしてきた」（電力会社）

「若干ショックなのは十分な知見も見識もあるはずの電力会社の重役が、こんな簡単な理屈にもかかわらず、妙な受け答えを繰り返していることです。私の認識では、これまでの電力政策に、基本的に電力会社は事実上の拒否権をもっていて、電力業者がうんという政策しかとれなかった」（自由化派）

卸電力会社であるJパワーや自治体がもつ水力発電所などの電気は、大電力会社に全量譲るのではなく、もっと取引所に出してだれでも公平に使えるようにしたらどうかも議論された。

「（そうした電源は）当社の発電電力量の3分の1を占める。これが市場取引に出されるとなると、安定的な供給力を失うことになる」（電力会社）

「相変わらず発送電一貫で十分な供給力をもたないと安定供給義務が果たせないという。それでは議論がかみあわない。今後は送電線運用が基本的に需給のバランスをとる責任を負う話をしているわけで……」（自由化派）

「いや、これ（発電所）はもともと適正に形成した財産であり、過去の総括原価のルールでつくったものだから開放しなさいといわれても……」（電力会社）

安定供給のやり方では最後まで対立した。電力会社側は、発送電一貫体制で発電と送電の協調があり、十分な発電所をもってこそ安定供給が保証できるといい、自由化派は逆に「送電線を独立させて、送電運用組織に安定供給の責任をもたせた方がうまくいく」と主張した。

本音議論のすえ、7月にまとまった「電力システム改革の基本方針／国民に開かれた電力システムを目指して」は、かなり自由化の方向に踏み込んだ内容になった。自由化派の委員も「よくここまで書いた」と評価した。

報告書の概要は次のとおり。目に付く項目だけを並べる（**表3**）。

すべての国民に「電力選択」の自由を保証する。小売りの全面自由化（地域独占の撤廃）。料金規制の撤廃（総括原価方式の撤廃）。発電の全面自由化。卸電力市場の活性化。需給直前市場の創設。発送電分離は①機能分離型、あるいは②法的分離型で行う。連系線の運用見直し。利用しやすい方向への託送制度の見直し。

こうして見ると、まさに自由化に重要なすべての項目において前向きに見直すことになっている。90年代後半からの自由化議論の中で、自由化要求にびくともしない電力業界を見てきた者としては信じられない思いだ。本当にこの方向に動くのか。

実は2011年暮れ、枝野経産相が、「電力システムに関するタスクフォースの論点整理」を発表。日本の閉鎖的な電力市場の自由化を推し進めるための重要な10項目を提示した（**表4**）。改革専門委員

表3　電力システム改革の基本方針の概要

（資源エネルギー庁、2012年７月）

1．需要サイド（小売分野）の改革

（１）小売全面自由化（地域独占の撤廃）……地域独占を撤廃し、小売全面自由化を実施
（２）料金規制の撤廃（総括原価方式の撤廃）

2．供給サイド（発電分野）の改革

（１）発電の全面自由化（卸規制の撤廃）
（２）卸電力市場の活性化

3．送配電部門の改革（中立性・公平性の実現）

（１）送配電部門の「広域性」の確保
「供給区域ごとに需給を管理する」仕組みを改め、広域的・全国的に供給力を有効活用するため、広域系統運用機関を設立する
（２）送配電部門の「中立性」の確保
①機能分離型、または、②法的分離型の方式により、送配電部門の中立性を確保
機能分離型：エリアの系統運用の機能を、一般電気事業者の送配電部門から分離し、広域系統運用機関に移管する方式
法的分離型：エリアの系統運用の機能から送配電設備を所有し開発・保守する業務までを含む送配電部門全体を別法人とする方式
（３）地域間連系線等の強化
①50Hzと60Hzの周波数変換設備と東西連系線の容量を増強（120万kW→210万kW→300万kW）
②北海道本州間連系線の増強（60万kW→90万kW）を早期に実現。風力発電の導入状況等を踏まえて、さらなる増強を検討
③風力発電の重点整備地区について、政策的支援も含め、送配電網整備の具体的方法を検討

表4　電力システムに関するタスクフォースの論点整理（2011年12月）

論点1	電力の需要側でのピークカット、ピークシフトを柔軟に行う仕組み。
論点2	需要家が電力会社や電源を選択できる仕組み。
論点3	発電分野の規制の緩和で供給者、電源の多様化を進める。
論点4	分散型エネルギーの活用の拡大。
論点5	大規模電源への投資の安定化を引き続き担保。
論点6	現在の供給区域を越えた電力の融通の拡大。卸電力市場を通じた競争の活性化。
論点7	広域での系統運用や需給調整。
論点8	発送電分離の推進。
論点9	安定供給など市場原理にそぐわない分野の制度整備。
論点10	新しい技術の開発。

会の方針はその答えだ。見比べると、問題点はだいたい網羅している。

具体化の本格議論は13年から始まる。心配なのは、発送電分離だ。本当にすっきり分離するのは「所有権分離」である。送電会社が独立し、発電会社ときれいに分かれる。欧州はそうしているが、この方針ではそこまで劇的には変わらなかった（第7章参照）。

「法的分離」は電力会社のグループ会社として送電会社をつくる。人事交流などを遮断して「親会社」とできるだけ切り離すが、どれだけ独立性をもてるかは未知数だ。

「機能分離」（運用分離）は、資本や所有権にはふれないが、送電線の運用を第三者に任せるものだ。一般にＩＳＯ（独立系統運用機関）とよばれる（**図2**）。

実質的な発送電分離が実現するかどうかは、電力業界がどう考えているかに大きく左右される。

実は、報告書案が出る7月13日の午前中、電事連が突然声明を出し、「受け入れる」と表明した。「電力会社は、これま

図2　新しい送電線運用（発送電分離）の一例

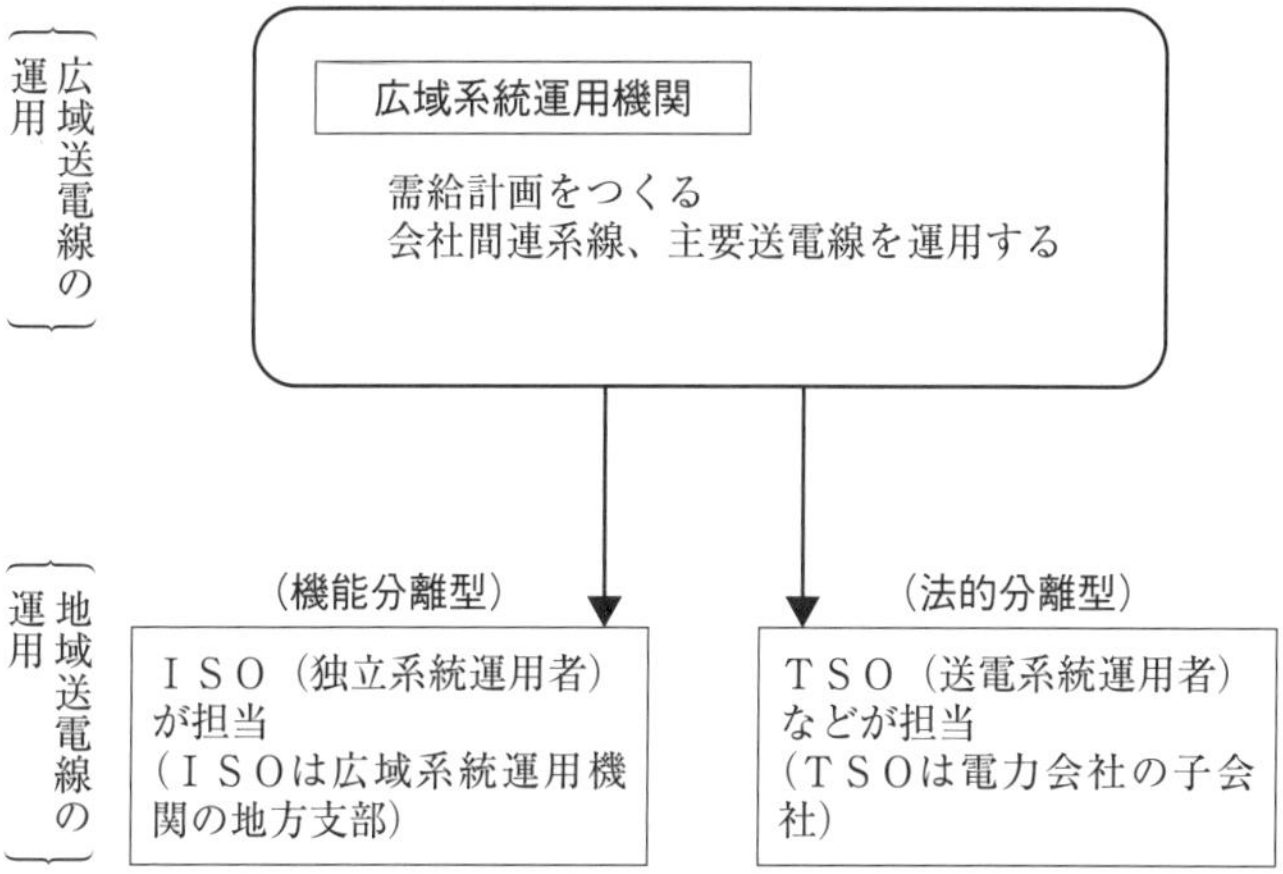

（電力システム改革の基本方針などをもとに作成）

でのノウハウ、知見をいかし、真に国民の利益となる電力システムの選択判断に資するべく最大限協力してまいります」とし、核心の発送電分離については「機能分離型または法的分離型についても広域化とあわせて詳細検討してまいります」とした。[*6] 電事連は議論の中で、事実上の発送電一貫体制継続を主張してきたが、「電力業界が変わった」と関係者を驚かせた。しかし――。

報告書に基づいて、政策を具体化するための議論が同じ電力システム改革専門委員会で同年11月から再開された。その最初の会議で、ある委員が発送電分離について、電力会社の意向を聞いてみたいと発言した。「7月13日の段階で、電事連としても政府の方向性にしたがうと発言しているので、機能分離か法的分離のいずれかをやることには同意していると理解しているが」と述べたところ、中部電力取締役が「発送電分離に賛同しているところまでは表明していません」と明確に否定し、再び関係者を驚かせた。たった4カ月で元に戻った。

この変身は、政治の動きと関係していただろう。そのころは、12月の選挙で、電力業界と親和性が高い自民党が圧勝するという予想が固まっていたころだ。それを見越し、「発送電分離をしなくて済むかもしれない」と思い直したのかもしれない。

これまでの電力改革は「電力業界が受け入れる範囲でしか変わらない」ということを続けてきた。その状況は変わらないのだろうか。

＊

90年代から2000年初頭でも自由化論議が行われた。しかし、実質的には新規参入も進まず失敗だった。小売りで自由化された分野でも新電力会社が得たシェアは3・56％（11年度）に過ぎない。最大の原因は、「発送電一貫体制を前提とした自由化」だったからだ。送電線を自由に使えない、公平に受け入れてもらえない条件で新規参入者は戦えるはずもなかった。

1990年代後半に通産省公益事業部長として自由化に携わった奥村裕一《ひろかず》・東大特任教授は、こんどこそ「真正自由化」が必要だという論文を雑誌「エコノミスト」に書いている。[*7]「真正」の意味は、市場への参加者が市場で公平に競争できる自由化である。いわば当たり前の競争状態をつくれ、ということだ。

その条件として、将来は「所有権分離」するつもりで発送電を分離すること、既存電力会社の小売部門も分割して競争させる。消費者には「複数の比較的規模の似通った小売会社から購入先を選べる」ようにすることが大事だという。

また、電気の知識がなくてはきちんとした規制ができないので専門家集団を擁し、利害関係から独立して厳正な判断ができる電力市場監視委員会の設置などを提案している。電気や系統の知識が「技術的ブラックボックス」になって、ともすれば「電力会社のいいなり」になっていることへの警鐘だろう。

そして奥村氏は論文の最後で「今回の電力体制改革を政治家を巻き込んだ電力対経産省のパワーゲームで終わらせてはいけない」といっている。なるほど、パワーゲームの中で苦労した経験者の言葉だけに重みがある。そのとおりである。これからは「電力と経産省と与党政治家」に任せるのではなく、消費者が監視役、主役にならなければならない。

東日本で風力1000万キロワットを

自然エネルギーの固定買い取り制度（FIT、Feed-in Tariff）が12年7月に施行された。太陽光は順調に伸びたが、風力発電は増えない。2010年、11年、12年の風力の導入量はそれぞれ、25・2万キロワット、20万キロワット、7・8万キロワット。ある風力関係者は自嘲気味に「FITが施行された年に導入量が減るのは日本だけですよ」と言う。それは当然と言えば当然だ。第6章で考察したように、日本の制度には、風力の導入を阻むさまざまな制度がある。

政府が2012年9月に出した「革新的エネルギー・環境戦略」では、これまでにない大きな目標をあげている。水力を除く自然エネルギーの発電量の設備導入量を、900万キロワットから1億800

万キロワットと12倍に増やす。

とくに期待されるのが風力だが、甘くない。電力業界や政府はこれまで、「風力による電気は変動するので多くを送電線に受け入れることができない」という理由で拒んできた。

ここで反論したい。こうした言い分はたいてい、電力業界など増やしたくない側の人や、導入可能量を少なめに見る傾向の人の話だ。普通の人は電気や送電線の技術のことを知らないので、「本当かな」と思ってしまう。

しかし、自然エネルギーを増やしている外国の技術者への取材では、彼らは「送電線に入りにくい」とか「変動が大変だ」とはあまりいわない。そこで、日本の技術者に「風力発電を多く送電線に入れようと思って運用すると入りますか」と私は聞いて回った。すると「入れようと思えば、今でもかなりたくさん入る」という答えになった。

一般的に出回っている「風力は送電線にあまり入らない」というのは間違っているようだ。少し技術的な説明になるが我慢していただきたい。技術者の説明によると、こういうことのようだ。

例えば、東日本で考える。東電、東北電力、北海道電力の周波数は同じ50ヘルツだ。

風力発電による電気を送電線に入れる場合、それを制約するものは二つある。①周波数変動の問題、②熱容量の問題である。周波数の変動は、20～30分以内の短時間で起きる変動「短周期変動問題」と、より長い時間での変動を表す「長周期変動問題」に分けられる。

送電網（電力系統）はそもそも短周期の周波数変動を調整する機能をもっている。これは、送電線に接続している発電機などが備えている機能だ。これは負荷周波数制御（LFC、Load Frequency Control）とよばれる。

これはそれぞれの会社の系統規模（発電能力の最大）の2～3％といわれる。つまり系統規模が1600万キロワットの東北電力だったら、LFC容量の規模は32万～48万キロワットほどになる。このくらいの風力発電が管内にあっても何も問題はないということだ。

これだけではなく、実際はもっと入る。風力発電所は一カ所にあるのではなくあちこちにある。一斉に動いたり、止まったりする確率は低く、多ければ多いほど出力の「平準化効果」が出るからだ。平準化効果は風力発電所の数が増え、規模が大きくなるにしたがって大きくなる。つまり問題になる「最大出力変動率」は小さくなる。

東北電力でいえば、風力発電が合計で50万キロワット導入されていたときの最大出力変動率は23％だったが、80万キロワット導入時の最大出力変動率は約18％に下がったという。

つまり50万キロワットのときには50万×0・23＝11・5万キロワットだから、この規模の変動を心配すればよかった。80万キロワットでは、80万×0・18＝14万キロワット。80万キロワットすべての変動を考える必要はなく14万キロワットの変動を心配するだけでいいということになる。

この14万キロワットより、調整能力であるLFC容量（32万～48万キロワット）の方がずっと大きいので導入は可能ということになる。

さらに余裕がある。何も東北管内だけで考える必要はない。東北電力の送電網と東京電力の送電網は

600万キロワット以上の非常に太い送電線で結ばれているので、東北・東京は送電線では一体として考えることができるのである。ここが重要だ。現実はすでに一体になっているのである。

この系統規模（発電能力の規模）は、1600万キロワット（東北）＋6400万キロワット（東電）で、合計8000万キロワットにもなる。これに対応する周波数調整機能（LFC容量）は8000万の2～3％なので、160万～240万キロワットになる。ここまでは変動を吸収してくれる。

では東北と東電管内にあわせて1000万キロワットの風力を導入したとする。そのときに心配しなければならない最大出力変動率はかなり小さくなる。例えば10％だと考えれば、1000万×0・1の100万キロワットの変動だけを心配すればいいことになる。これはLFC容量（160万～240万キロワット）より十分小さいので問題はないということになる。

つまり、東北と東京に1000万キロワットが入っても大丈夫なのである。

もう一つの問題である長時間の変動「長周期変動」でも、北海道電力の分も含め、巨大な東電管内で吸収できる。ただ、津軽海峡の海底を通って北海道と本州を結ぶ連系線（北本《きたほん》連系線）の容量は直流で60万キロワットしかないので、これを超える量は通せない。増設工事が計画されている。

東電は、系統規模が大きい（つまり巨大な需要地）うえ、出力調整に便利な揚水発電所を多くもっているため、吸収能力が非常に高い。風力発電の適地は東京管内には少ないが、東電・東北管内に1000万キロワットを入れても、全体では短周期、長周期問題はクリアされるということだ。

ただ、実際に風が吹く現場に十分な送電網がなければ、それは別の問題だ。これを「ローカルな熱量問題」という。

　結論をいえば、「送電線を一体として考えさえすれば、今の送電線のままでもかなりの大量導入は可能だ」ということだ。電力会社がこれまで「入らない」「送電線の広域運用は難しい」といっていたのは、「風力の電気は変動する」という定性的な問題と、「どこまでなら送電線に入るか」という定量的な議論を整理せずに話しているものだ。

　さらに電気事業法26条の問題がある。これは、10電力会社に「その地域の安定供給（電気の量や周波数の安定）の責任」をもたせているものだ。だから「東北と東京が一体となって安定供給するのはおかしい」という解釈で、「東北は東北だけで」「東京は東京だけで」と考えている。だから、東京電力の送電線とつながっているのに、「東北だけではこれだけしか入らない」という計算になるのである。おかしな話だ。送電線はつながっているのに「つながっていないと考えている」だけである。

「その地域の安定供給」というが、9社間では、年間を通して、大量の電力を売る会社、それを買う会社もある。実際は「管内だけでの自給自足」は崩れているのに、自然エネルギー、とりわけ風力を拒むときにこの理由が出てくる。

「九電大量送電事件」も同じような話だ。これは「本州から九州には30万キロワットしか電気が送れない」といっていたのに、九州電力管内で大型の火力発電所がダウンした2012年2月3日、本州から200万キロワット以上も送ったのである。「本当はいくらまで送れるのか？」と話題になり、「無理をすれば550万キロワットも可能」だとわかった。自分たちが必要なときはちゃんと送電線を使ってい

図3　電力会社間をつなぐ送電線の容量

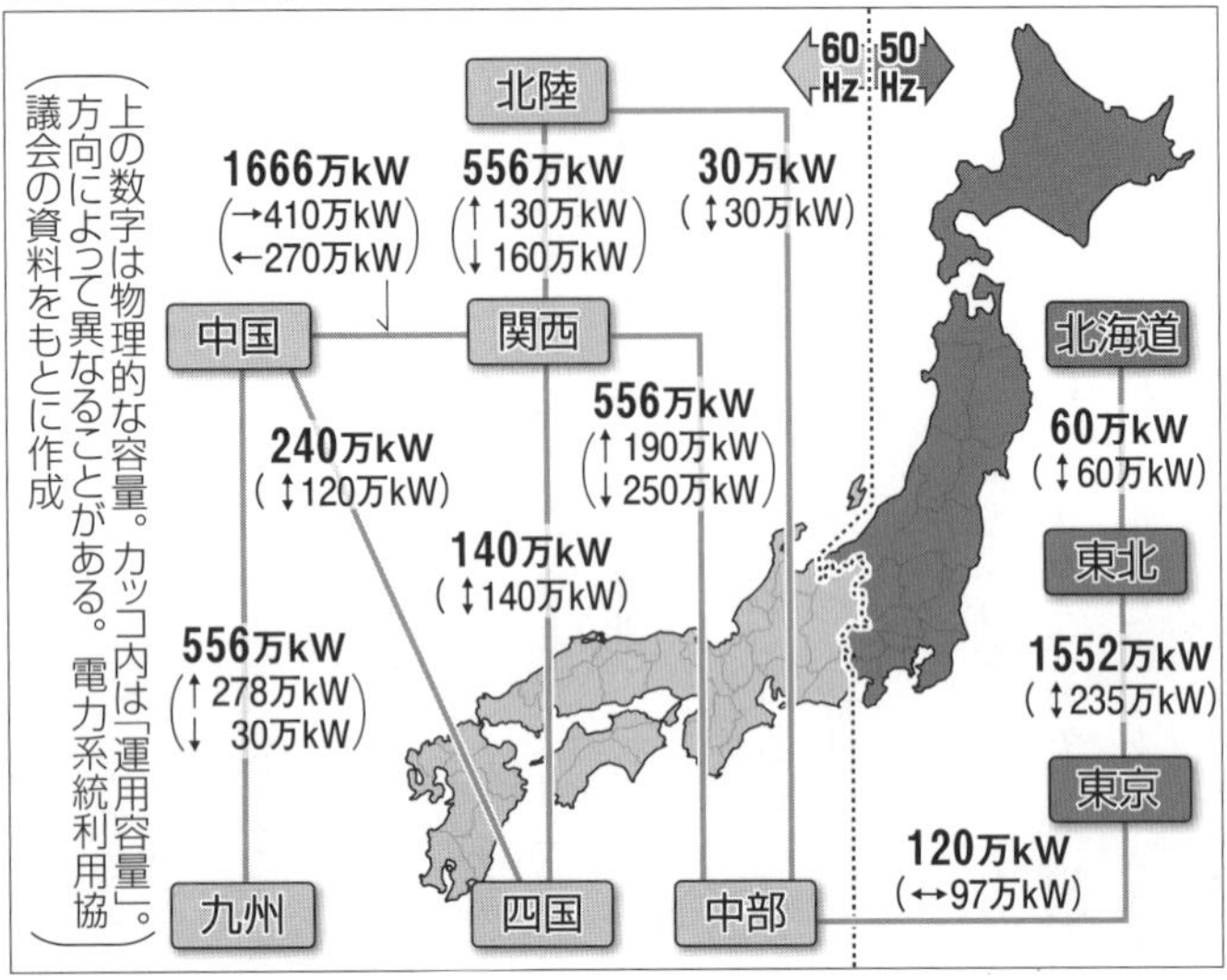

(上の数字は物理的な容量。カッコ内は「運用容量」。方向によって異なることがある。電力系統利用協議会の資料をもとに作成)

るのである。

結論は、「送電線が今のままでも、入れようと思えばたくさん入る。従ってＦＩＴ法による優先接続も可能」だ。ただ、中長期を考えれば、風況のいい場所にローカルな送電線をつくることや、もっとスムーズに広域融通するための連系線の強化は必要だ。

電力会社、電力業界は、全体として風力などを拒む姿勢を続けているが、自然エネルギーがもっともっと導入可能であることは、電力会社の系統運用をしている技術者が一番よく知っている（図3）。その声は外に出にくい。電力会社以外の技術者が「導入可能量」を調べれば、これまでと違う数字が出るだろう。

①まず、ある程度の発送電分離をし、会社をまたいで送電線を広域に運用すること、②風がよく吹く場所に風力発電所建設ができるようにローカ

ルの送電線を建設する、③会社間の連系線を太くする、などをやっていくことも欠かせない。
日本の風力発電の潜在量の2分の1は北海道にあり、4分の1は東北にある。そこに日本製の風車が多数建ち、電気は東京まで流す。地元に組み立て工場やメンテナンスの雇用が生まれる——。これが当面めざすべきイメージだ。

2012年末の政権交代

福島事故の前の日本のエネルギー政策と電力制度は、他の国と大きく異なるものになっていた。「原発への過度の依存」「電力自由化が事実上なし」「極めて少ない自然エネルギー」を特徴とする「日本モデルの電力制度」である。福島原発事故によって、日本はこのすべての問題に同時に取り組まなければならなくなった。

3・11後、多くの人が原発への考えを変え、それが社会の意思となって、政府が進めるエネルギー政策の議論に大きな影響を与えた。「2030年代に原発ゼロをめざす」という新戦略に見られるように民主党政権は原発事故の教訓と民意の変化を反映した政策議論をそれなりに積極的に行った。これまで見てきたように、重要な3大テーマでみれば、議論は次のような段階まで進んでいた。

①《原発への過度の依存を減らす》

中期的な原発政策は「革新的エネルギー・環境戦略」(2012年9月14日)の中で位置づけられ、

「2030年代に原発稼働ゼロを可能とするあらゆる政策資源を投入する」とされた。ただ、国内外の反対意見の中で、正式な閣議決定にはならなかった。

②《電力制度の変更、自由化を進める》

「電力システム改革の基本方針」（2012年7月）で抜本的な改革方針が示された。発電の全面自由化、発送電分離の実施（法的分離あるいは機能分離）、小売りの完全自由化、送電線の広域運用と連系線の新設・強化。消費者は電力会社を選択できる制度にする。ただ具体策は未決定。電力業界がどこまで応じるかが焦点。

③《自然エネルギーを増やす》

「固定価格買い取り制度」（FIT制度）が2012年7月1日から施行された。自然エネルギーの買い取り価格はかなり高めだが、「増えているのは太陽光だけ」というバランスを欠いたスタートとなった。自然エネルギー発電の電気を送電線に優先的に受け入れる「優先接続」の原則が徹底されていないため、風力などが増えていない。これは②の送電線の制度改革（発送電分離）が進まないと解決しない問題だ。

このように3テーマとも議論が進み、改革の方向性がかなり見えていた。しかし、新しい制度に「変え切ってしまう」前の2012年12月、突然に政権交代が起きた。

エネルギー政策においては、民主党政権と自公連立政権との考え方が大幅に異なる。民主党政権が変えようとしていたのは、戦後、数十年にわたって自民党政権と電力業界が二人三脚でつくりあげてきた「原子力レジーム（体制）」とも呼べる日本型の政策と政策遂行システムだ。自公政権が民主党時代の何を継承し、何を変えるかはわからないが、福島原発事故を政治的に総括することが必要だ。何もせずに時間を過ごし、元の路線に戻るようなことがあってはならない。これからの議論を政府や業界に任せるのではなく、国民が議論を監視しなければならない。日本の社会にその力はあるのだろうか。

日本が「脱原発」する力

日本は今後、原発を大きく減らし、時間をかけて脱原発をめざすべきだろう。そこで必要なのは、脱原発を支える社会をつくることだ。

日本の場合、原子力は戦後数十年間、国家が莫大なお金をかけて開発し、「国策民営」という形で、国をあげて育ててきた産業体系でもある。国全体が「原子力を支える構造」になっている。政策でやめるとすれば個別の産業が、市場競争の中で盛衰することとは異なる大きな影響が出る。

図4は、原子力を進めてきた国を脱原子力に変えるために何が必要かを考えて筆者がつくった資料だ。原子力推進を止めるには、「世論」と「制度」の両方が必要だ。

世論を構成する社会アクターはさまざまで、それらが独立して主張をする活発さがいる。市民グループや研究者グループが原子力に反対する意見を自由にいえる社会であることが重要だ。

継続的に市民に訴え、市民と政党をつなぐ役目をする環境ＮＧＯや反原発ＮＧＯが多数存在し、原子

図4　脱原子力に必要な要素　　著者作成

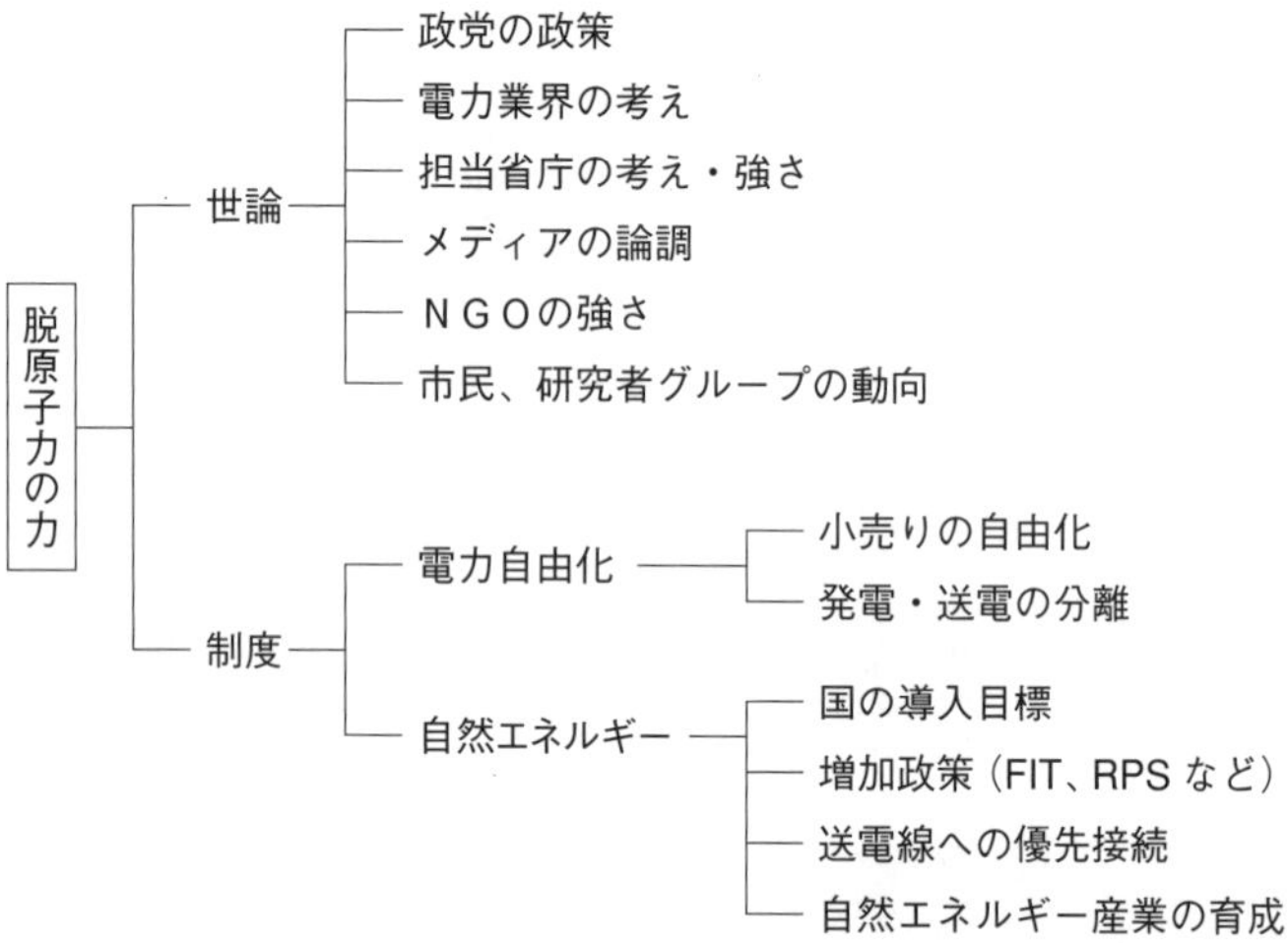

力研究者、エネルギー政策研究者の中でも原発に批判的な人が一定程度いて、社会的発言をする。こうした各アクターの活発な議論とそれを広げるメディアの報道で世論が形成される。そして、決定的に重要なのは、世論を受け止める大きな政党があるかどうかだ。

　メディアの力は大きいが、自分で原発に関する主張を考え、時代の先導者としてそれを広めることは得意ではない。あくまでも社会の中にあるニュース、論争を「伝える」のが本来の役目だ。

　しかし、3・11後は政策の大転換期にあり、新聞各紙で原発への意見がまるで異なり、それぞれのポジションに立っての論争状態になっている。朝日新聞も2011年7月13日の社説特集で、「20～30年かけて脱原発を」と、姿勢を大きく変えた。

　世論だけでなく、脱原発を可能にする受け皿としての「制度」も必要だ。一つが電力自由化。自由化で需要家が電力、エネルギー会社を選べるようになれば、原子力を減らしたいと思う市民の選択が政策を後押しする。

さらに原発に代わるエネルギーとしての自然エネルギーを増やす政策が要る。世界では主に二種類の手段がとられている。固定価格買い取り制度（ＦＩＴ）と、電力会社に一定割合の電気を自然エネルギーから調達させる義務を負わせる制度（ＲＰＳ、Renewable Portfolio Standard）だ。一長一短があるが、日本はＲＰＳからＦＩＴに変えたばかりだ。

さて、この構図に沿って日本を見ると、日本で脱原子力が進んでこなかった理由がはっきりする。日本の世論の半数近くは原子力に批判的な意見をもっていたが、それをくみ取る大きな政党がなかった。政策の決定には、電力業界と役所（経産省）が圧倒的に強く、その二者で決めていたともいえる状態だった。

原子力関係のＮＧＯは弱い。原子力研究者も批判派は国の中枢から遠ざけられている。司法もほぼ完全に行政に追随し、原発裁判は国の連戦連勝だ。つまり、これまでの日本では、社会の中で脱原発を主張していく主体（アクター）が弱かった。

電力市場も自由化していない。自然エネルギーの導入も極めて少ない。

こうしたないないづくしともいえる状況で３・11が起きた。その後、首相官邸をデモが包囲し、マスメディアのいくつかも「脱原発」を主張するようになった。しかし、２０１２年の総選挙では脱原発議員を増やすことは空振りに終わった。原発に依存している社会を脱原発に動かすのは簡単なことではなく、大きなエネルギーと時間がいる。日本での脱原発論争を支えるアクターがどの程度育つか、そして、「制度」がどの程度変化するか。社会が本当に動くかどうかはこれらにかかっている。

電力改革は社会改革

原子力・エネルギー政策を変えるには時間がかかる。原発政策も含め、日本社会の過去を踏襲する慣性力は、「何もしない」という点にある。いっとき脱原発の世論が盛り上がっても、「制度の変革」を伴わない時間の経過は原子力依存の味方になる。「原発を減らすという制度」をつくるまで議論をやめないことだ。

3・11後に大きく変わった社会意識を政策に反映させなければならない。原発の数を大きく減らすことは、事故を起こした国の最低限の仕事だ。そのうえで、時間をかけて脱原発に向かう。そのプロセスの中で、「今ある原発をどう使うか」について、産業界の競争力、電力会社の経営、電気料金などの問題と折り合いをつけていく。

ただ、その前提として問われるのは、運転する能力、過酷事故への本当の備えだ。日本の電力会社は「過酷事故は起きない」といってきたが、それは地元に対する「方便」にとどまらず、いつの間にか自分たちもそう思い込んでいた。福島事故で東電が露呈した準備のなさと事故の拡大防止への覚悟のなさを忘れてはならない。

そして過酷事故に対する安全基準をつくる、加圧水型炉（ＰＷＲ）でも格納容器にベント弁をつけるなどの工事をする、運転員の訓練、周辺の避難計画などもきちんとやる。40年を超える原発や大きな都市が近くにあって避難計画（疎開計画）ができない原発は動かさない。こうして選別を進め、比較的安全な少数の原発だけを「運転可能な原発」にする。

電力自由化も進める。国内だけで巨大電力会社であり続ける時代は終わろうとしている。電力会社は狭い日本で制度に守られて強さを保つのではなく、技術力で世界市場に進出して欲しい。グローバリゼーションの中で、世界に勝つエネルギー企業をもつことも、重要なエネルギー・セキュリティだろう。自然エネルギーは大きく増やす。まずは発電の5％以上にする。そうすれば、自然エネルギーも社会を支える実力をもつことがわかってくる。日本では「1％の自然エネルギーは25％の原子力を代替できない」と言いながら、1％を2％にする政策を拒んできた。風力の導入を進め、風車産業を育てたい。これまでの日本では国内の風力発電の市場が小さいため風車メーカーが十分には育たなかった。風車が大型化する今の時代は、重工業メーカーが多い日本は本来有利なはずだが、ビジネス機会を逃している。

＊

反原発の市民科学者で原子力資料情報室の代表だった故・高木仁三郎氏は、なくなる2年前の98年、私のインタビューにこう語っていた。

「原子力にかぎらず、結局のところ、私がぶつかってきたのは、組織の中でちょっと自分を主張すればカドがたつという日本型システムなんだと思いますね。これが自由な議論と将来の選択肢を閉ざしている」[*8]

高木さんが挑んだのは、原子力推進という国策だった。巨大な相手ではあるが、「変わらないことの根っこ」は、案外身の回りにある日本的な精神構造にあるのでは、ということだった。それにしても日本は、自由な政策論争が生まれにくい国だと話していた。

日本では国や大企業など大組織が強い。そこに属している人は、自由な意見発表を許されないか、あるいは自粛する傾向が強い。その典型が原子力、電力の分野だった。

原子力関係者はたいてい、大組織に属している。福島原発事故のあとでさえ、原子力関係者からは多様な意見はほとんど出てこない。原発の過酷事故対策についても、多くの人が問題を認識していたのに、だれも言い出さなかった。「だれかがきちんと全体を見ているだろう」と思っていたが、だれも見ていなかった。

こうした集団的な意識構造の帰結として、原子力界内部での論争が乏しくなる状況が生まれている。3・11の後でも「原子力を減らして新たなエネルギー・ミックスをつくる」といった政策の修正案が推進派の中からほとんど出てこない。

推進派の意見は、「反原子力の考えはとんでもない」という「反・反原子力」であることが多く、3・11の後でもたいてい、「原発は極めて重要。自然エネルギーには頼れない。電力の発送電一貫体制が日本には向いている」という「今のままでいい」がパッケージになった主張をする。

もう一つ、日本の政策がなかなか変わらない理由として、政策をつくるときに既存業界に過剰な配慮をすることが挙げられる。新しい政策を導入しても、既得権益者への配慮から修正され、形は整っていても、効果があいまいになり、産業構造はなかなか変化しない。

電力制度はその典型だった。というより、自由化論争をみてもわかるように、電力業界が承認する政策しか導入されないという時代が続いてきた。こうした既存の大産業界が強い「国内の論理と力関係」は国際社会の動きとは関係ないので、しばしば政策展開が国際的な潮流から遅れることになる。

3・11をきっかけとして、電力制度、エネルギー政策を変えることができれば、日本社会の産業界と役所、消費者の関係を変えることにつながる。

日本社会の変化の原因は、「外圧」（開国と明治維新、敗戦）と「人柱」（戦争や公害）の二つだという言い方がある。[*9] 愉快ではないが納得するところが多い。これからの日本は、外圧や人柱ではなく、自分たちの議論によって社会や政策を変えなければならない。原子力、電力制度について進行中の政策議論は、福島原発事故という犠牲と、その後の社会的議論を通じて獲得されたものだ。「時間の経過とともに怒りもあいまいになって論争も何となく収まる」という旧来の日本ではなく、「政策をつくってしまう」まで、「制度を変えてしまう」まで、議論を続けなければならない。

＊1　*"World Nuclear Industry Status Report 2012,"* Mycle Schneider, Anthony Froggatt, July 2012

＊2　『原発のコスト　エネルギー転換への視点』大島堅一、岩波新書、2011年12月

＊3　「脱原発の民意　多数と思わぬ　原発比率7割8割に　松尾九経連会長インタビュー」朝日新聞（西部本社）、2012年9月25日

＊4　「原発ゼロ、米が危ぶむ理由」朝日新聞、2012年10月24日

＊5　*"The U.S.-Japan Alliance: Anchoring Stability in Asia",* Richard L. Armitage, Joseph S. Nye, *CSIS*, Aug. 2012

＊6　「電力システム改革における論点に関する考え方および取り組み」電気事業連合会、2012年7月13日

＊7　「発送電分離は出発点、『真の競争体制』確立の道」奥村裕一、エコノミスト、2012年7月24日

＊8　「語る　高木仁三郎の世界」朝日新聞、1998年10月15日夕刊

＊9　「なぜドイツで脱原発が進み、日本では進まないのか？」吉田文和、WEBRONZA、2013年1月9日

補章　チェルノブイリ事故の日本への教訓

ウクライナ北部のチェルノブイリ原発で1986年4月26日に大規模な爆発事故が起きた。広大な汚染大地と40万人の疎開者を生み出し、空想話になりかけていた原発大事故の恐ろしさを見せつけた。日本の政府や原子力関係者はソ連の炉のタイプの違いを強調し、「日本の炉に限って大事故はありえない」といってきたが、その25年後には、福島原発事故を起こしてしまった。チェルノブイリ事故をもっと真面目に考えていれば、福島の悲劇の多くは回避されたのではないか。

高放射線下の作業は命と引きかえ

1986年4月27日夜から28日にかけてスウェーデン、フィンランドなど北欧各地で突然高い放射線量が検知された。スウェーデンのストックホルムの北100キロにあるフォルスマルク原発では、同原発の事故だと大騒ぎになり、一時所員600人が避難した。

その放射能は遠くウクライナから2日をかけて飛んできていた。チェルノブイリ原発事故が世界に知られるきっかけだった。ソ連は事故発生を隠し、世界はそれに気づかなかった。そういう時代だった。

チェルノブイリ事故は次のようなものだった。

1986年4月25日未明から、チェルノブイリ原発4号炉は原子炉停止に向けた作業を始めた。83年12月に運転を始めてから2年半で初めての停止だった。この炉はRBMK（黒鉛減速チャンネル型軽水炉）とよばれ、日本などの炉とはタイプが異なる。

炉心は直径11・8メートル、高さ7メートルの円筒形に黒鉛のレンガを積み上げたものだ。この円筒形炉心に、「練炭」のように垂直方向に1600本以上の穴があいていて、そこにウラン燃料の束（燃料集合体）を一本入れたパイプが通っている。パイプの中を冷却材（熱を運ぶもの）である水が流れている。ところどころに燃料棒と似た形の制御棒が入っている。

核兵器用のプルトニウム生産にも使う炉で、一本一本のパイプが独立した原子炉のようになっている構造だ。運転しながら一部の燃料を交換できる仕組みになっているので、長期間運転が可能だ。全体を覆う格納容器もない。

炉の停止に伴って一つの実験が準備されていた。

原子炉に事故があったとき、最も大事なのは、原子炉を冷やす緊急冷却システム（ECCS）を動かすことだ。「しかし、そのとき停電によって外部からの電力供給が途切れたら」というケースに備えた実験である。福島原発事故で起きた「全電源喪失事故」への備えである。

停電時は非常用ディーゼル発電機に頼るが、それがフルパワーになるまで50秒ほどかかる。その間、慣性でタービンが回転する力を利用して発電し、その電気でECCSなどを動かす実験だった。

各種の報告書などを参考にすると、事故は次のように起きた。

実験は日付が4月26日に変わったころから準備が始まった。実験は低い出力の状態で行う予定だったが、操作がうまくいかず、出力がほぼゼロにまで下がってしまった。そのため、運転員は制御棒をほとんど引き抜くことで熱出力を20万キロワットまで上げた。これはまだ低すぎる状態だった。「原子炉は出力が低くて不安定」「制御棒がほとんどない状態」で実験を始めることになった。

26日午前1時23分4秒、タービンへの蒸気供給を止めて実験が始まった。23分39秒、制御棒の一斉挿入ボタン（有名になったAZ5ボタン）を押した。そのとき、制御棒で原子炉が止まるどころか出力が逆に急上昇を始めた。23分42秒に「出力上昇」の警報が発生、23分45秒ごろに圧力管（チャンネル管）内の蒸気が増え、圧力管が破裂したとみられている。

その後ははっきりしないが、23分49秒ごろと、24分ごろに二度の大きな爆発が起きたとみられている。

二度目の爆発では、原子炉も建屋の屋根も吹き飛んでしまった。

二つの炉の特性が悪い方向に働いた。一つは「正のボイド反応度」。冷却水内に気泡（ボイド）ができたとき、原子炉の出力が自動的に上がる方向（正の方向）に働くというもの。これは炉の出力が上がれば、さらにどんどん上がるので「暴走をよぶ性質」といえる。実験当時はちょうど気泡が増えていた。日本などの原発は気泡ができれば出力が下がる方向に働く「負の反応度」になっている。

もう一つは、多くの制御棒が引き抜かれた状態から一気に制御棒を挿入すると、ストップがかかるどころか、逆に何秒かの間は、炉の出力が上がる状態になってしまう性質である。

これは制御棒の設計ミスだった。制御棒にある中性子吸収材の部分が短かったため、制御棒の挿入当初は、中性子の吸収ができず、逆に炉の出力を上げる働きをするのである。制御棒はどんなときでも、ある程度の数を挿入したままの状態に置いておく必要があったが、この実験では低出力という安心感もあり、多くを抜いていた。

したがって、制御棒を挿入したとき、「ブレーキ役」の制御棒が、そのときは「アクセル」になってしまった。さらに悪いことに、冷却水の中には気泡ができていた。二重のアクセルで出力が上昇し始め、6秒後に爆発した。

「制御棒の欠陥が事故原因」というのは長い間、秘密にされていた。朝日新聞の松本健造記者が1990年に私たちと一緒に現地取材をした際に情報を得て、その後時間をかけて取材し、91年にスクープした。[*1]

この制御棒の欠陥は84年に改善が勧告されていたが、改善されないままだった。事故1年後に同型原発に改善された制御棒が設置されたという。

一方、チェルノブイリ事故半年後に、ソ連当局がＩＡＥＡに出した報告書では「六つの運転規則違反」という人為ミスを原因としていた。再検証した結果、そうした違反はあったが、六つのうち五つまでは事故と無関係と結論した。とすれば制御棒の欠陥がかなり大きな事故原因で、改善勧告を早く実施しなかった当局に責任があることになる。

事故はあっという間に進展した。大規模な蒸気爆発が午前1時23分49秒に起きた。爆発により炉心が持ち上がり、炉心から水がなくなり、これによって反応がさらに急激に上がり、24分ごろ、二度目の大爆発が起きた。これが炉心を吹き飛ばし、建屋を破壊した。

大爆発は原子炉の上部にあった分厚い蓋を動かし、蓋は横にずれ落ち、原子炉にある大量の核燃料が直接大気に露呈するという恐ろしい状況になった。爆発で2人の職員が死亡した。

炉心の爆発は30回以上も起きた。炉心から飛び散った高温で放射能をもった残骸が付近の建物の屋根などに落ち、火事を起こした。

発電所には消防隊が配備されている。第一次の消防隊14人が午前1時28分に現場に到着した。消防士は休みだった者を招集しても28人しかいなかった。彼らは後に「28人の英雄消防士」とよばれるようになる。１９４１年12月、モスクワに接近するドイツ軍に対して勇敢に戦って死んだ戦車兵28人になぞらえたものだ。

消火作業はあまりに高い放射線のため、作業中から体調を崩す者が続出した。

「消火活動の現場は、地上およそ30メートルの高所だった。壁や屋根に塗られた塗料（コールタール）が熱で溶けて、靴が床にくっつき、動けなくなったとの報告もある。あまりに高温のため水や化学消火剤もすぐ蒸発してしまう。消火活動は困難を極めた。消防士の手記にはこう記されている。『3号機の方に水が押し寄せようとしていた。これを防がなければならないが、その場にはわれわれしかおらず、放射能レベルは高いと知っていたが、とどまった。放射能測定器の針は振り切れており、検査係にも、どのくらいの放射能があるかわからなかった』（プラウダ、86年5月26日）」[*2]

消防士の英雄的行為は語り継がれているが、考えなければならないのは、このときの消防士の多くが、後日、急性放射線障害で死亡していることである。短期間のうちに死亡したのは消防士と原発職員で計28人である。

午前4時ごろまでに消防隊の援軍が到着し250名になった。うち、69人が消火活動に従事した。活動現場は高さ70メートルのところもあり、放射線レベルは極めて高かった。午前4時50分までに火災のほとんどは鎮火した。

消防士の多くはすでに体調を崩しており病院に運ばれた。

爆発後約20時間がたった26日午後9時41分になって、炉心が大規模に燃え始めた。減速材である黒鉛はそもそも可燃物であり、炉心が「十分に」熱せられたことで大規模な火事になった。原子炉室の上50メートル以上に達する炎を有する大規模な火事になった。

目撃した人の話では夜空が真っ赤になっていたという。隣接する町、プリピャチでは市民が小高い丘に上がって、空を赤く染めて燃える「発電所の火事」を見物していた。そのときいったいどれほどの放射線を浴びていたか……。

原子炉下部では核燃料の崩壊熱によって核燃料が、ぐつぐつと煮えるような状態になり、放射性物質を含む金属が高温で蒸気になって大気中に勢いよく噴き上げ、強い上昇気流をつくった。そこにはセシウム、ストロンチウム、プルトニウムなど炉心にあるあらゆる放射性物質が含まれていた。

その後も決死の作業が続く。まず、原子炉からの放射性物質の大量放出を止めなければならない。放置すれば核崩壊熱でいつまでも炉心は煮え、炉心が空になるまで放射性物質の放出が続く。

原子炉近くの作業は手作業だったが、ヘリコプター部隊にも出動が命じられた。ヘリコプターから原子炉に投下された物資は5000トンにのぼる。中性子を吸収するホウ素化合物が40トン、鉛が2400トン、砂と粘土が1800トンなどだ。結果的には、普通の砂がよく効いた。

動員されたヘリコプターは1800機。最初のころは、ヘリコプターは物資を投下する際に原子炉の上で停止していたが、乗員の被曝があまりにも高くなるので「飛行しながらの投下」になった。しかし、不正確になり、周囲の建物の屋根に積もってそれらの建物の破壊を広げることにもなった。

2006年、事故当初からナビゲーターとしてヘリコプターで飛んだピシメンスキー氏に話を聞いた。被曝軍人支援団体「ナバト」（警鐘）代表だった。本人も体調不良に苦しんでいた。

「（事故発生から1日近くが経った）4月26日の夜、寝ているところに出動命令が出た。高さ200メートルから1回につき3トンの砂をむき出しになった炉に落とした。6日間で29回出動した。放射線量計は振り切れていて値はわからなかった」

相当の線量だったようだ。「最初の飛行で上空にいるときに体の異常を感じた。口の中で金属をなめたようないやな味がした。自分の体に何か異常が起きていることは明らかだった」

放射線は人体の粘膜をまず破壊する。口の中や舌は敏感だ。がんの放射線治療を受けている人が「金属の味」を感じることがある。それを即座に感じるほどの放射線の強さだったのだろう。

ヘリコプターの乗員だった何人かにインタビューした。「怖くなかったですか?」との私の質問に、だれもが「怖くなかった」と答えた。当時のヘリコプター部隊は、79年から始まったソ連のアフガニスタン侵攻に従軍した経験者だった。「下からミサイルが飛んでくる中での飛行に比べれば楽なもの」という答えだった。しかし、放射能の本当の怖さは後に知ることになる。

こうした作業も奏功し、チェルノブイリからの放射性物質の大量放出は10日間でピタッと止まった。炉心にあった放射性物質の何%が飛散し、何%が残っているかについては、さまざまな説がある。

2011年6月に日本の原子力安全・保安院が公表した数字は、福島第一原発事故で放出された放射能は77万テラベクレル(テラは1兆倍)、チェルノブイリの放出量は520万テラベクレルとしている。国際評価尺度の事故レベルでは、どちらの事故も最悪の「レベル7」である。

事故当時、4号炉の隣の3号炉の運転室にいた運転員エウドチェンコ氏に話を聞いたことがある。爆発のときは「ブンというものすごい音がした。数秒後にもう一度。それは強い振動と一緒だった」。エウドチェンコさんは3号炉を止める作業をしたあと、同僚と一緒に姿が見えない4号炉の運転員ホデムチュクさんを探しに行った。3回行ったが見つからなかった。ホデムチュクさんは今もがれきに埋まったままだ。一緒に捜した同僚は、急性放射線障害で死亡した。

エウドチェンコさんが強調したのは「我々は逃げずに闘い、世界の、よりひどい汚染拡大を防いだ。それで死亡した仲間も多い。それを知って欲しい」ということだった。

炉の周りの除染作業の多くは手作業であり、被曝量も多かった。3号炉の建屋の屋根に降った炉心の残骸（放射性物質）をスコップ一つで建物の下に落とす作業の映像を見たことがある。作業員は鉛のエプロンをつけ、作業時間は1人1分。画面の横で動く秒数が非常に遅く感じ、胸が痛くなるような映像だった。

こうした作業を記録した映画の一つ「困難な日々の記録」では、自らカメラを回した監督のウラジーミル・シェフチェンコ氏が急性放射線障害で死亡している。その映画では、たびたび画面に白い斑点が現れた。「放射性物質が付着した」といわれていた。

そして、4号炉を覆う「石棺」は6月から建設作業が始まった。これに関連した作業にも何十万人という除染労働者（リクビダートル）が「徴用」され、大量の被曝者を出した。

チェルノブイリ事故は大量の放射性物質をまき散らし、世界に多大な迷惑を与えたが、よく考えてみれば、炉心が大気に完全に露出した事故が短時日で制御できたのは、事故後の決死的な作業がいくつもあったからだ。「あの程度で止まった」のは多くの英雄的行為によるものであり、その何人かは死亡し、

事故を起こしたチェルノブイリ４号炉。突貫工事でつくられた「石棺」で覆われている＝1990年６月、筆者撮影

多くは病気に苦しんでいる。

チェルノブイリ事故が私たちに突きつけた第一の教訓は、「原発の大事故は起きる」ということだ。この考えを排除してはならない。

第二の教訓は「日本の原発で、こうした事態が起きたときにはどうするのか」ということだ。命にもかかわる作業はだれが担うのか。高放射線下の作業を命じることができるのか、命じられたら従わなければならないのか、という問題である。

福島原発事故が起きるまでは、「日本では大事故は起きない」という都合のいい安全神話に逃げ込んでいた。しかし、福島後はどうするのか。

チェルノブイリ事故当時のソ連は、社会体制から考えても、消防士に「拒否」という選択肢はなかっただろう。ヘリコプターの操縦士も、そして除染労働にかり出された多くの人にもなかった。さらには汚染地からの強制疎開、農地の除染作業をせず汚染地は永久に放棄するという決定にも――。これらはソ連という強権的な権力があった国家だからこそやれたともいえる。事故を考えると、原発はそういう国でしかもてないのかもしれない。

被害は「甲状腺がん」だけではない

チェルノブイリ事故翌年の１９８７年1月、ソ連から原発事故の医療と治療の調査団が日本を訪問し、広島市を中心に放射線やがん関係の医療、研究施設を回った。チェルノブイリ原発事故で放射線を浴びた人の治療や、被曝者の登録制度などについて教えを請いにきたのである。

そうした資料は唯一の被爆国である日本にしかないものだった。

日本側が提供したのは、「もう世界が二度と必要とすることはないだろう」と思いながら広島と長崎で蓄積してきたデータだった。

ただ広島、長崎の被曝は原爆による一瞬の外部被曝が主であり、チェルノブイリのケースは食べ物などによって放射性物質が体内に入って起きる内部被曝が主体だ。

そして25年後、日本はチェルノブイリと同様の広い汚染地を抱える国になった。今度は日本がチェルノブイリに学ぶ番だ。

87年の訪問団の中に、R・ラムザーエフというロシア人の医師がいた。50歳近い印象だった。ラムザーエフ氏は広島訪問中に、「私の体をホールボディーカウンターで測定して欲しい」と頼んだ。ホールボディーカウンターは、体の内部にどれだけの放射性物質が入っているかを調べる装置だ。人間が測定容器の中に入り体内の放射性物質が放射するガンマ線を測る。

装置はもちろんロシアにもある。「ロシアで測るとどうも高すぎる値が出る。装置がおかしいのかもしれない」ということだった。

広島で測定したところ、ロシアでの測定と同じ値が出た。ロシアの装置も正しい値を出していた。測定した日本人医師から、「ものすごい汚染です。あと数倍高い値だったら、日本ではあの人の体自体が放射性物質になるんですよ。取り扱い責任者が必要になるレベルです」と聞いた。

ラムザーエフ氏はモスクワの人だが、チェルノブイリ事故現場にしょっちゅう通っていた。現地の食べ物を通じた体内汚染には気をつけているはずなのに、と驚いた。外部被曝も相当の量だったと想像できる。彼は2000年代に入って死亡したと聞いた。死因は知らない。

＊

チェルノブイリ原発事故の健康被害はどの程度なのか。

2005年、IAEA（国際原子力機関）やWHO（世界保健機関）、UNDP（国連開発計画）など国連8機関とウクライナ、ベラルーシ、ロシアがつくったチェルノブイリ・フォーラムによれば、急性放射線障害は134人、このうち爆発直後の消火作業に携わった消防士ら28人が早い時期に死亡し、04年までにさらに19人が死亡した。

長い期間を経て病気になる晩発性障害では子ども（18歳未満）の甲状腺がんが4000人以上発生した。甲状腺がんは手術をすればほぼ死亡することはないので、甲状腺がんによる死亡は04年当時で9人、

06年で15人だった。

そして、低線量被曝が原因で何かのがんになって死亡すると計算される人の数は3940人ほどと計算された。その内訳は、事故直後の現場の除染作業に携わった労働者（20万人、あるいは24万人）から2200人、30キロ圏内の住民（11・6万人）から140人、高濃度汚染地（27万人）から1600人である。これを足し合わせると約60万人から約3940人の死亡者数になる。

公式の数字でいえばいわばこれがすべてである。つまり、05年時点で死亡が確認されたのは約60人、このほか、比較的高い被曝を受けた60万人の集団から予測できる死者数（過去から将来にわたっての総計）を計算した結果が3940人である。これは「全体として計算上でこれくらいの死亡者の上乗せがあるだろう」という数字である。

しかし、この数字はつねに論争の的になっている。例えばそのほぼ10年前の1996年、やはりWHOやIAEAといった同じ機関が調査、分析した結果では死者は4000人ではなく9000人になっていた。10年で半分に減るとはどういうことか。

両者は対象として考える母集団の規模が異なっている。低いレベルの被曝を受けた人たちはある確率でがんを発生する。「集団の人数」×「平均被曝レベル」×「がん死発生率」＝死者数、である。

とすれば計算対象の集団を何人とするかで死者数は変わる。96年の報告では、低い汚染地に住む人数680万人も計算の対象にして、そこからの死者約5000人も足した。05年はそれを除外してもう少し被曝量の多い60万人だけを対象にした。その違いだ。

しかし、この考えや数字が研究者の間で完全に共有されているとはいえない。事故20周年の2006年4月にキエフで開かれた国際会議で、将来のがん死者の推定値を「元の9000人」に引き上げることが提案されたが通らず、4000人のままになったといういわくつきの数字だ。

したがって05年の時点で調査の幕を引くことへの批判は強かった。広島、長崎では、白血病は被曝2年目に増加が見られ、5～6年目にピークとなったが、乳がん、肺がんの増加が確認されたのは20年後からだ。胃がんや多発性骨髄腫は30年後だった。

実際のところ、甲状腺がんの発生は多数確認されているが（死亡者は少ない）、他のがん死発生数は実際の数字ではなく、計算ではじき出した推測値でしかない（**表1**）。

世界を揺るがせた大事故で、こんな「何とでもなる」計算でいいのだろうか。ここにチェルノブイリ調査の限界がある。

チェルノブイリの調査の問題を一言でいえば、「個人の被曝線量を再構築できなかった」「きちんとした疫学調査ができなかった」ということに尽きる。

ある個人がどの程度の被曝量かは、一人ひとりの行動を吟味して推定しなければわからない。住民は事故後、住所も生活も変えているだけでなく、被曝の多くが食物を経ての内部被曝なので推定は難しい。外部被曝の推定も難しい。事故処理に当たった除染作業員さえ、外部被曝量の記録があいまいだ。

個人個人の被曝量がわからなければ、例えば、除染労働者が後年、がんになったとしても、「どのく

表1　チェルノブイリ原発事故による死亡者

	被曝対象者	人数	推定被曝量	死亡者
1	急性放射線障害の消防士ら	134人	致死量以上も	3カ月以内に28人死亡 その後20年で19人死亡
2	甲状腺がんで死亡した子ども	06年までに約4000人が発症		9～15人
3	除染労働者（86～87年）	24万人	100mSv以上	推定2200人
4	強制疎開者（30キロ圏内）	11.6万人	33mSv以上	推定140人
5	高線量汚染地の住民	27万人	50mSv以上	推定1600人
6	低線量汚染地の住民	500万人 （680万人）	10～20mSv	推定5000人

＊長瀧重信氏がIAEA、WHOなど8国際機関およびロシア、ベラルーシ、ウクライナ3共和国合同会議やチェルノブイリ・フォーラムの研究をまとめて作成した表を参考に、チェルノブイリ・フォーラムが出した死者数を筆者（竹内）が加えて作成した。1～5の合計で死者数は約4000人になり、1～6の合計で約9000人になる。

らいの被曝量があれば、何年くらいで何％の人が発症する」ということがわからず、被曝と発症率のグラフが描けない。

被災者のデータベースをつくり、個人の被曝量を再構築して、健康状態を追跡してはじめて放射線による被害がわかる。

広島、長崎の原爆被害では個人の被曝量の再構築をやった。1947年に米国が広島に設置した原爆傷害調査委員会（ABCC、Atomic Bomb Casualty Commission）が、12万人の被曝者グループを寿命調査集団に決め、「その人が原爆投下の瞬間にどこにいたか」などを聞いて、一人ひとりの被曝量を推定した。被曝の多くが一瞬の外部被曝なのでわかりやすかったといえる。

そしてその後、定期的に調べて体調、病気、死因を記録し、「被曝していない集団」と比較した。「治療のためでなく調査のためだった」と批判される作業だった。占領時代に米国主導で始めたからこそ可能だったともいえる。この調査は1975年に設置された財団法人・放射線影響研究所（RERF）に引き継がれている。

それでも被曝線量の推定は簡単ではなく、1957年に「T57D」という方式ができたが、その後、改良され「T65D」となった。さらに86年に「DS86」が導入され、2003年には「DS02」ができた。「被曝量と病気・がんの発生確率」の数字はこうして求められている。

チェルノブイリではこうした詳しい追跡は行われていない。したがって、チェルノブイリで大量の被曝者集団から「がん死」発生を計算するときには、広島、長崎の調査から得られた数字を基本にして考えているのである。逆に言えば、チェルノブイリでは新たな「発症確率」の数字が獲得できなかったといえる。

チェルノブイリの晩発性障害についての第一の特徴は、「子どもの甲状腺がんの激増」である。子どもの甲状腺がんは本来、「発生が極めて低い」病気だったことから放射線の影響が明白だった。子どもの甲状腺がんは事故後5年くらいから大量に発生した。

例えば、ベラルーシ・ミンスクの甲状腺がんセンターのまとめによると、1974〜1985年の甲状腺がんの全患者数は1392人だったが、事故後の1986〜1998年では5449人に増加した。なかでも3〜14歳の小児は8人から600人に増加、15〜18歳では13人から132人に増加している。これは手術時の年齢であり、事故時に5歳以下だった患者は562人にのぼる。子どもに集中的に発生していた。高濃度汚染地の子どもの甲状腺がんは100倍になったとされる。

第二の特徴は、白血病の増加が見えないことだ。広島、長崎の例では、白血病の発生は早く現れ、被曝後5〜6年でピークになった。チェルノブイリでは、1986〜87年に除染労働者として働いた20万人の平均被曝線量は100ミリシーベルトとされ、5〜15%が250ミリシーベルトを超えたと考えられている。これだけの被曝量があるので、除染労働者集団では白血病の増加があると心配されていたが、有意な増加傾向は公式には確認されていないことになっている。[*3]

ただ、除染労働者の一人ひとりの被曝線量がきちんと再構築されておらず、詳細な分析にはなっていない。このため「除染労働者に白血病が増加している」という報告がいくつかあるものの、「事故による被曝との関連ははっきりしない」「除染労働者は一般集団より頻繁に診療を受けるので発症数が大きくなった可能性がある」という理由で、公式の結果として採用されていない。

白血病が増えた増えないは、つねに論争になっている。元放射線影響研究所理事長の長瀧重信氏は「白血病などが増えていないのではなく、増えているとも、増えていないとも証明できていないということ」と話している。

先に述べた、被曝量の構築の失敗だけでなく、事故直後、ソ連当局は国際的な大規模調査をしなかった。批判に押されて、ソ連がIAEAに諮問する形で「国際チェルノブイリプロジェクト」が実施されたのは、事故4年後の90年である。そのころには、私も現地に行っているが、元の被曝住民はちりぢりになっており、被曝住民の十分な把握、健康診断が行われていたとはとても思えない。

奇形家畜数を示すデータ

チェルノブイリでは、被曝量の再構築が難しかったうえ、最初からきちんとした国際協力での調査を実施しなかったことで、公的報告がいくつ出ても、つねに批判されるという状況になっている。

90年の国際チェルノブイリプロジェクトの結果は、91年5月にウィーンで発表され、私もその場にいた。調査の責任者である重松逸造・国際諮問委員会委員長（放射影響研究所理事長）らによる、「これまでのところ、汚染地住民の健康について統計上の変化は見られない」との報告について、会場でウクライナ、ベラルーシ両国の科学者が大声を張り上げて強く抗議し、会場が混乱したことを覚えている。両国の代表は報告書の一部削除を求めた。

抗議した人の中には前年にミンスクで取材した放射線生物学研究所のコノプルヤ所長もいた。「環境汚染がセシウムだけについて述べられ、ストロンチウムやプルトニウムを無視し、過小評価している。調査はあまりに楽観的」と批判していた。

ＩＡＥＡの報告書は汚染集中地のホットスポットや住民が避難した半径30キロ圏内の調査、最も大量被曝した集団である原子炉周辺の作業をした除染労働者の調査をしていなかった。これはなぜなのか、できなかったのか？　いずれにせよ被害が出そうな集団をきちんと見ていない。そして、ＩＡＥＡと一緒に調査をしたのは主に連邦政府系の研究者で、ウクライナやベラルーシの研究者はあまり参加できていなかった。

要するに、WHOやIAEAが評価するのは、「ちゃんとした論文」である。きちんとピアレビューを受け、「英語になった論文」ともいわれる。そうした論文だけを見て、「異常が有意だった証拠はない」などと結論する。

取材で何度か現地を訪れた経験からいえば、経済的に発展していないチェルノブイリの汚染地域の医療レベルは、住民の病気、死因情報がきちんと吸い上げられ、医学論文にまとまるような状況ではなかったと思う。

例えば私は、90年に、ウクライナ・ナロージチ地区で、原発事故直後の家畜の奇形出産を記録していた家畜試験場の獣医長を取材した。

地区内の農場で発生した奇形家畜は、87年は牛が4例だけ。88年は最も多く、牛で37例、豚で119例。89年には牛10例、豚28例、馬1例と減った。一つの地域で上昇と下降がわかる貴重なデータだった。8本足の馬も生まれたが、獣医長が保健省など上部機関に報告しても相手にされなかった。怒った家畜試験場はカメラを購入して記録を始めていた。しかし、「主なデータは『昔はなかった』という獣医の証言だろう」とやはり無視されたという。

その獣医は20枚ほどの写真を見せてくれた。3本足の豚、尾のない牛などが写っていた。現場にあるこうした情報は埋もれてしまうのである。

人でも先天性障害を指摘する論文も出ている。ベラルーシ遺伝疾患研究所がベラルーシの汚染地域で人工流産した胎児の形成障害と新生児の先天性障害を調べたところ、形成障害、多指症、四肢欠損、複合障害が有意に増えていることが報告されている。[*4]

放射能の影響では、がんばかりが注目されるが、取材で被曝者や被爆者団体が訴えるのは、肝臓など内臓疾患、免疫低下、原因不明の全身倦怠感、疲れやすさなどだった。

かつて広島、長崎での被曝者も、倦怠感で仕事ができなかった「原爆ぶらぶら病」とよばれた症状が多かったが、その話を思い出した。

国連に提出された2000年時点の公式報告書[*5]には、次のような記述がある。結局、「これもはっきりしない、あれもはっきりしない」「原発事故後は丁寧に医者にかかるから多くの病気が見つかる」という表現ばかりだ。

①最も高い被曝をした人は事故当時に原発にいた約600人の緊急作業者だった。

②ベラルーシ、ウクライナ、ロシアの3共和国で約60万人がリクビダートル（除染労働者）としての証明書を得た。24万人が軍人だった。登録制度は86年にできた。うち、86〜87年に作業した人の外部ガンマ線被曝の平均は100ミリシーベルトと仮定することが妥当に思える。

③事故後最初の10日間に汚染区域の住民が受けたセシウム137とセシウム134から受けた外部被曝の平均実効線量は10ミリシーベルトと推定される。

④ベラルーシだけは事故前に中央がん登録があった。1990年代にはロシアとウクライナがコンピュータ化したがんソフトウエアを開発した。

⑤ロシアの除染労働者14万2000人を対象にした研究では、白血病に有意な増加が見られた（同じグループを対象にした研究で、増加を見いだせない研究もあった）。
⑥子どもの甲状腺がんの増加は明らかである。
⑦除染労働者や汚染地域の住民に、がん以外の病気の増加、自殺率の増加がいくつも報告されているが、こうした人たちは「集中的に検診を受けているので、ほかの一般の人の集団とは比較できない」。
⑧汚染地域での消化器系、神経系、骨格系、筋肉系、循環器系の慢性疾患の増加が報告されているが、ほとんどの研究者はこれらを、「生活の質の低下や移住」によるものと関係づけている。

一方、チェルノブイリに関する極秘文書を暴露したアラ・ヤロシンスカヤ氏の書いた文章には次のような記述がある。

「リクビダートル（除染労働者）の間では、発病率と死亡率が増加している。彼らのかかっている主な疾患は自律神経失調症、心臓の疾患、肺がん、胃腸の疾患、白血病である。ウクライナの公式データでは、チェルノブイリ原発事故後の10年間で約8000人のリクビダートルが死亡した。ロシアの公式データでは、この10年間で2000人のリクビダートルが死亡している。新聞報道によればこの数は5万人にも達する。ベラルーシ保健省の報告によれば、同国で最も汚染されている地域では事故前に比べて肺がん、胃がん、泌尿器系の疾患を含む発病率全体が51％増加した。ウクライナの公式データによれば、チェルノブイリ事故後の10年間で、事故の影響で14万8000人が死亡した」[*6]

こうした情報やデータはいくつもある。しかし、さまざまなフィルターを経た結果、「被曝との関係は証明できない」とされて消え、公式報告書には反映されないのである。

筆者の感想をいえば、公式報告書は、細かく分析しているように見えるが、元になる現場のデータ収集が不十分であるため、多くの疑問が「はっきりとは証明できない」という結論になっている。がん以外の健康被害の調査、分析も全く不十分だ。

結局のところ、どうなのか。チェルノブイリの健康被害を継続的に追跡しているのは京都大学の今中哲二氏である。今中氏は06年に書いた「チェルノブイリ事故による死者の数」で、さまざまな条件を検討したうえで次のように書いている[*7]（**表2**）。

①チェルノブイリ・フォーラムの4000人は小さめの数字。
②91年のソ連崩壊で被災地の経済も崩壊的打撃を受け、精神的、経済的な打撃を受けたことも健康悪化、死亡率の上昇を招いた。ロシア人男性の平均寿命は90年の63・8歳から94年には57・7歳に下がっている。
③将来的に60万〜80万人のリクビダートルがすべて亡くなったとして、その4％を事故処理作業に伴

表2　チェルノブイリ事故による死者数の見積もり

評価者	がん死数	対象集団	がん死確率＊
チェルノブイリ・フォーラム（2005）	3940人	60万人	0.11
WHO 報告（2006）	9000人	被災3カ国740万人	0.11
IARC 論文（2006）	1万6000人	欧州全域5.7億人	0.1
キエフ会議報告（2006）	3万～6万人	全世界	0.05～0.1
グリーンピース（2006）	9万3000人	全世界	——

＊注：1Sv の被曝をしたときに、がんで死ぬ確率。この確率が0.1（10％）で被曝が0.2Sv であれば、がん死の確率は0.2×0.1＝0.02（2％）。0.2Sv の被曝者が1万人いれば、がん死者は、10000×0.2×0.1＝200人になる。

今中哲二氏のまとめ

う被曝が原因とすれば約3万人になる。

④チェルノブイリ事故にともなう放射線被曝によるがん死者は2万～6万人とすれば、リクビダートルと合わせて、チェルノブイリ事故の被曝による死者数は最終的には5万～9万人ということになる。

⑤「私の勘」ではチェルノブイリでの最終的な死者数は10万～20万ではないか。そのうち半分が放射線被曝によるもので、残りは事故の間接的な影響。雑駁だが、こう考えるのが「よくわからないから、ないことにしよう」とするよりは、ましだろう。

最初にきちんとした疫学調査が実施できず、あるいは実施せず、その後も被害を小さめに見せる力が働いた。現場にはさまざまな健康被害のデータが眠っている。「チェルノブイリの長期の健康被害は子どもの甲状腺がんだけ」とはとてもいえない。その後、長期にわたり除染労働者の集団を追跡調査している研究によって、白血病が増えているという報告がいくつか出ている。[＊8]

チェルノブイリ事故が残したものは何か。

①半径30キロと、セシウム137で1平方キロ当たり40キュリー（1平方メートル148万ベクレル、1キュリーは370億ベクレル）以上が汚染されている土地からの強制疎開。その後、15キュリー（1平方メートルで55・5万ベクレル）以上の地域が疎開の優先地域とされ、疎開が進められた。

②15キュリー以上の土地は約1万平方キロある。疎開していない地域ももちろんある。30キロ圏で無人となった地域の面積ははっきりしないが約3700平方キロ。この他にも疎開地は広くあり合計は5000平方キロ以上になるだろう。

③疎開した人口は3共和国合計で40万人ほどといわれる。今も汚染地に500万人が住む。

④ベラルーシは96年ごろ、「損害額は国家予算の32年分」と表明している。

ボロービチ村の20年――故郷を失うということ

私は四度、チェルノブイリを取材した。1990年、96年、2001年、2006年。最初の90年は朝日新聞の4人のチームで長期間、現地に入った。

事故の4年後だったが、ソ連当局が外国の報道陣に初めて許した本格取材だった。グラスノスチ（情報公開）が進行しつつある時代でなければ実現しなかったろう。

その90年6月のある日、キエフ南40キロにあるボロービチ村に取材に行った。元のボロービチ村は原発の30キロ圏内にあった。465戸、1100人の村だったが、原発事故で汚染されたため、強制疎開の対象になった。数カ所に分割され、109戸、360人で集団疎開したのが同じ名前の今の村だった。

私が村に着いたとき、村の中心を通る道路で葬式が行われていた。黒地に赤い刺しゅうの布で覆われた棺がトラックの荷台に運ばれた。一斉にすすり泣きが起きた。

「かわいそうに、こんな所で死ぬなんて」

亡くなったのは60歳の女性、オリガだった。新しい村と新しい生活になじめず、体調を崩した。家の前にある小さな木のベンチに1日中すわり、「死んだら故郷の村に埋めとくれ」と話していたという。しかし、お墓の管理ができないので、元の村の墓地には埋められない。

物悲しいギリシャ正教の歌とともに葬列が動き出した。花束をもった人の列がゆっくりと歩き、あとにトラックが続く。行き先は村はずれの墓地だ。オリガは新しい村で死んだ10人目だった。

この葬式を道路で取材中、私は、突然軍用ジープで現れた数人の兵士に囲まれ、通訳ともどもジープに乗せられてしまった。

実はその日、疎開村であるボロービチ村を探しているうちに、勘違いして兵舎を写真に撮ってしまったのだ。それを見ていた兵士にいったん拘束されたが、「帰っていい」というので疎開村に来て取材をしていたのである。しかし、「調べは終わっていない」として再度私を拘束しようとした。すると意外なことが起きた。何人もの村人がジープを囲み、連行を阻止したのである。村の人は「我々の苦しい生活が報道されるのを邪魔するのか」と叫んでいた。

その場は収まり、私は連行され、師団本部での長時間にわたる「スパイ罪」での取り調べを受けた。容疑が晴れないまま調べが一応終わり、ぐったりしながら、もう一度村に戻ると、道ばたにいた数十人の村人たちが拍手をしながら近づいてきた。車を降りると、「よく無事で帰ってきた」と次々に私に抱きついてきた。驚いたことに、私がどうなるのか、村人たちがずっと心配して道で話していたというのだ。数人がバラの花束をくれた。

人々は原発事故後の生活の変遷を積極的に語ってくれた。被災者たちの反権力感情が強いことにも、人々が自由に発言することにも驚いた。

この事件をきっかけに、私にとってボロービチ村は特別な場所になり、取材でチェルノブイリに行くたびに通うことになった。

原発事故で故郷を離れた人たちの生活と気持ちの変化を知ることができたが、その知識が後年、日本での原発事故後を考える参考になるとは思いもしなかった。

ボロービチは日本と遠く離れた国の小さな村だ。政治体制も経済発展のレベルも文化も異なる。とりわけ日本の疎開者と比べ被曝レベルが非常に高い。しかし、故郷を失う意味、そして故郷を離れるとどうなるかということでは多くのことを教えてくれる。

元のボロービチ村は、チェルノブイリ原発から西に30キロほどのところにあるシラカバと松の森に囲まれた村で、主にコルホーズ（集団農場）で生計をたてていた。

原発事故翌日の１９８６年4月27日、高濃度の放射能雲が通り過ぎたが、村人は何も知らず、人々はメーデーの合唱練習をしたり、近くの川で日光浴を楽しんだりしていた。兵士を満載したトラックが何度も村を通り過ぎたが、何が起きているかはわからなかった。

チェルノブイリ近郊からキエフ郊外のボロービチ村に疎開してきたスベトラーナ一家。左から夫ユーラ（当時30歳）、息子ボロージャ（11歳）、スベトラーナ（41歳）＝1990年６月、筆者撮影

疎開のために村を出たのは原発事故から約20日後の５月14日、しばらく近くの村に身を寄せ、８月に、新築された新しいボロービチ村にきた。突貫工事でつくった同じ形の平屋の家が道路の両側に並ぶ。

村ソビエト議長（村長にあたる）のスベトラーナ（41歳）の家で歓迎を受けた。取材どころか質問攻めにあった。

老人たちから質問がとんでくる。「事故から４年が経つのに、政府はまだ放射能が減らないという。本当だと思うか？　日本の技術で何とかならないか」「私はもう年寄りだ。私の生きている間に村に帰れると思うか」。情報を隠していた政府への不信が強かった。

老人は新しい生活になじめなかった。ウクライナの人たちは「自分たちの森」を大切にする。そこでキノコや果物を採ることをとても楽しみにする。しかし、新しい村では、家は政府がくれたが、豊かな森はない。「ボロービチの森にはイチゴやコケモモ、キノコもたくさんあった。川には魚がいた。新しい学校や薬局があり、祭りもあった。ここには何もない」と嘆いた。

ソ連は社会主義なので、国家が家と職業を与えてくれる。教師や電気技師など専門技能をもつ人はその仕事をするが、多くの人は近くの国営農場（ソホーズ）へ就職した。しかし、もともと十分な数の働き手がいるところに入り込むので、過剰人員にもなるし、もとの従業員たちとの折り合いも悪かった。「近づいたら放射能がつく」といった嫌がらせもあったという。

なにより困ったのは老人たちだ。新しい村では家の庭も狭いうえ「自由農地」がなくなったため、することがなくなってしまった。自分たちの土地「自由農地」で好きな作物をつくるのが老人の仕事だった。

老人は、することがなく一日中ベンチに座って道路を眺め、男性は自家製のウオッカを飲むという生活になった。そうして体調を崩していった一人がオリガだった。

村長のスベトラーナは明るい行動的な女性で、再婚した相手の夫ユーラ（30歳）と、息子ボロージャ（11歳）の3人家族。夫ユーラは医科大中途退学の学歴をもっており、村では医者の役目をしていた。「村人の検診が、事故後4年間で二度しかない」とユーラから聞き驚いた。末端の村の現実である。子どもたちは頻繁な鼻血、白血球増加、視力低下などが目立つと話していた。

小学校の教師をしている30歳の女性は「元の村のころと比べ、子どもは弱くなった。疲れやすく風邪をよくひき、鼻血を出すようになった」と話していた。その女性も9歳から5歳までの3人の子どもをもつが、肝臓肥大、リンパ節の腫れ、白血球増加に悩んでいた。村では事故後、5人ほどが医師の勧めで人工中絶をした。まだ被曝によるがんが増加する時期ではなかったが、あらゆるところで体調不良の話を聞いた。

このころは、翌年に発表されることになるWHOなどが参加する健康調査（国際チェルノブイリプロジェクト）が実施されているはずだが、現場では聞いたことがなかった。

この取材の中でウクライナのナロージチ地区にいった。原発の西約60キロにあって、30キロ圏の外だが、相当に汚染されているので少しずつ、疎開が続いていた。チェルノブイリでは基本的に新しく住む場所ができてから疎開する。このナロージチの人たちも、ちょうど最後の大きな集団が疎開しようとしていた。それまで4年間は住んでいた。

ナロージチでは、その後、疎開先は住みにくいといって住民がどんどん帰村し、行政も黙認した。日本の報道にもよく出てくる地区である。

ナロージチの畜産試験場で奇形出産の話を聞いているうち、試験場長のニコライが「放射能を除去する薬があるが、飲むか？」と聞く。「ぜひ」といって出されたのは、フラスコに入ったエチルアルコールだった。100％のアルコールを直接飲んだのは初めてだった。途中からは「水割り」にした。

そのうち、ニコライのほか、試験場に来ていたコンピュータ技師のピョートル、村ソビエト幹部のイワン——。昔の皇帝の名前をもつ3人と野原に繰り出して、エチルアルコールとウオッカでの宴会になった。緑の草原に陽光が降り注ぐすばらしい景色だが、放射線量計の値は相当に高かった。

3人は幼なじみだが、疎開でばらばらになってしまうのが、寂しい、寂しいといっていた。年老いた親を残して疎開する人もいた。老人だから残るといっていた。最後は酔っぱらったニコライが服を脱ぎ、「この村ともお別れだ」と叫んで、奇形魚がいっぱいとれた小川に飛び込んで泳いだ。地域で育ち、勉強し、職を得て普通に生活している。「どうしてこの生活が壊されるのか」というやけっぱちの気分が伝わってきた。

原発事故において、国家がどんな補償をしたのかも書いておきたい。スベトラーナは原発事故のとき、前夫と2人の子どもの4人家族だった。国家は、夫に4000ルーブル、妻に3000ルーブル、子どもも一人に1500ルーブルずつ。家も大きかったので1万5000ルーブルで買い取ってくれた。家を別にしても合計1万ルーブル。当時のソ連の労働者の平均賃金が月200ルーブル（当時5万円）だから50カ月分になる。かなりの額だ。

社会主義のソ連もこれくらいの補償をしたのである。ただスベトラーナによれば、放射能で汚染された家具を買い替え、車を1万ルーブルで買うとほぼ消えた、という。ソ連時代、車は大変高かった。

多くの被災者に補償の話を聞いた。運、不運があったようだ。遅く補償をもらった人たちは90年ごろからのソ連の経済危機、ソ連邦の崩壊による混乱にぶつかり、銀行の「引き出し制限」や銀行倒産、超インフレに遭い、雲散霧消した例も多かった。

年に一度「元の村への墓参り」

二回目の訪問はチェルノブイリ事故10周年にあたる1996年4月だった。

10年間のボロービチ村の最大の変化は人口の激減だった。新しい村にきた86年8月には360人で新しい村がスタートした。村を離れる人もいるが死ぬ人が多く、96年には235人になっていた。医科大中退のユーラは「血液と心臓の病気が多く、20歳代から50歳代の死が目立つ。被曝した子どもの健康状態が悪く、甲状腺肥大や免疫の低下がある。全員に問題がある」といった。

村はずれにある墓地には新しい墓標がならび、20歳の男性の墓石には「あなたを忘れない」という恋人の詩が刻まれ、乳児を残して死んだという21歳の女性の墓石もあった。

ボロービチ村の人たちが働く国営農場（ソホーズ）は、経済危機のあおりを受けていた。ガソリン不足で農機具やトラックが動かせず、肥料の不足で農場の生産が半減し、給料は現物支給と遅配だった。ウクライナはソ連から独立していたが、6年前と比べ、インフレや経済危機で村の生活レベルは明らかに落ちていた。

スベトラーナの家族では、90年には11歳の子どもだったボロージャが17歳になり、名門キエフ大学で軍事法律学を学ぶ青年に成長していた。本来は倍率20倍の超難関だが、「チェルノブイリ被災者特別枠」で入学することができた。こうした被災者への制度的補償はきめ細かい。

＊

三回目の訪問は2001年。4月26日、ボロービチ村の広場で「チェルノブイリ15周年」を記念する集会が開かれた。老人を中心に100人以上が集まった。私も出席した。

52歳になった村長のスベトラーナがはっきりといった。「元の村にはもう帰れません。ここが皆さんの第二の故郷です」。老人たちが涙をぬぐった。

90年の取材では、村人たちは「早く故郷に帰る」という希望で団結していた。しかし、チェルノブイリのほとんどの疎開地区は、「戻る」という選択肢は最初からないのである。それでも老人たちは噂を信じて帰村を待ち続け、あきらめ、死んでいった。

「絶対に帰れない」ということを老人たちが納得するのに15年かかったといえる。老人たちはあきらめ、人生を終えつつあった。しかし、この時点で、放射性セシウム137の半減期（30年）のやっと半分である。待ち続けても人間の時間が放射能の時間に勝つことはない。

村に住むミトロファン（81歳）は「ここに住むのは臨時的といわれていたんだ。故郷には美しい川と畑があった。森にはキノコ、コケモモ、イチゴがあった。馬もたくさんいた。ここには森がない。妻も死んだ。いいことは何もなかった」と嘆く。

ワシリー（48歳）は、事故直後、崩れ落ちた原子炉の屋根の残骸を処理する作業をした。残骸が入ったコンテナをクレーンがトラックに乗せる。ワシリーともう1人が両側から走って行ってトラック荷台の扉を閉め、逃げる。「1回の作業を4秒で、といわれていた。10秒かかることも、うまくいかなくて4分ほどかかることもあったがね」

被曝量はわからない。頭痛と不眠がひどく、血圧の上下が激しい。「事故で得たのは、勲章、病気、除染労働者の年金月200グリブナ（当時の1グリブナは約22円）だ。ここは葬式ばかりの生活だ」

これが疎開村の15年後だったが、汚染地全体では驚くことに、疎開、脱出がまだ続いていた。01年当時で、ウクライナで約16万人、ベラルーシで約14万人が疎開したといわれていたが、かなりの人がなお汚染地に住み、政府が用意する住宅の完成を待って移転を続けていた。放射能の時間でいえば「まだ15年しか」経っていない。汚染状況はほとんど変わらない。

しかし、人間の時間の15年はボロービチ村を確実に変えていた。新しい家や新住民が増え、村は168戸、人口は約400人と大きくなっていた。住民の入れ替えが進み、「昔の村で生まれた子ども」は少なくなった。昔の村を懐かしがる老人も減った。ボロービチは「疎開者の村」から、「キエフのベッドタウン」に変わりつつあった。

37歳のニーナ。疎開した後で生まれた14歳と7歳の息子は健康だ。夫は小さな企業を経営している。「故郷は懐かしいが、今は財政的には楽だ。ここの生活も悪くない」。新しい生活が軌道に乗れば、昔のことは考えない。

90年代半ばがどん底だった経済危機も落ち着いていた。

一方で、被曝による病気が顕著になってきていた。除染労働者だった人の健康被害が最も深刻で血液の病気で死ぬ人が目立った。甲状腺摘出手術も増えていた。

疎開者は年に一度、復活祭のころに「元の村への墓参り」を許される。元のボロービチ村への墓参りに同行した。

元の村は立ち入り禁止の30キロゾーンの中にある。村の入り口には昔の「ようこそボローピチ村へ」というさびた看板があった。

ところどころに家が残っている。屋根に穴があき、崩れてペチカだけが残る家もある。畑には雑草と木が茂り、広場は松とシラカバの森に戻りつつあった。チェルノブイリでは汚染地は単に放棄され、除染もインフラの維持も行われていない。かつての村はただ崩壊が進み、無残な光景だった。老人は「帰りたい」と思っても本当は帰る場所がない。

スベトラーナの家は川のほとりの広い草地の一画にあった。赤い壁の、大きな2階建てだった。床には崩れ落ちた壁土がたまっている。子ども向けの本が散乱している。

「ここが台所、ここが子どもの部屋……」

家の前にボロージャが植えたシラカバがあった。20メートルほどにも育っていた。シラカバの下に立つと、スベトラーナはがまんできずに泣き出した。

汚染地図を見るとボローピチは真っ赤なホットスポットの中にある。セシウムが1平方キロあたり15キュリー（1平方メートル55・5万ベクレル）以上で優先避難地域になるが、２００キュリー以上の部分も多い。

3時間ほど動くうち、線量計は5マイクロシーベルトになった。墓参りの人がもつ放射線検知器の数字は事故炉を覆う石棺の前の4倍だった。東京近辺での自然放射線の20〜30倍。

スベトラーナは「もうここには戻れない。でも、私は人生で一番大事な時期をここで過ごした。子どももここで生まれた」。

ボロージャは法律家の資格をとり、キエフ近郊の師団に勤務している。軍服が似合う若い少佐はスベトラーナの誇りだ。しかし、夫のユーラ（41歳）は心配だ。医科大を中途退学していたので、正式の医師になるため、97年に編入学した。しかし、99年、けんかの仲裁中に2階から落ちて頭を打った。脳に血の塊ができた。

私は病院にユーラを見舞った。「医者は手術を勧めたが断った。費用もないし、成功率も50％というから」。血の塊は大きくなっていた。

＊

私が最後にボロービチを訪問したのは2006年、チェルノブイリ事故20周年の年だ。最大の目的はスベトラーナの夫ユーラの墓参りだった。ユーラは03年に44歳で亡くなっていた。

スベトラーナは05年に村長を辞めていた。16年間村長として、「疎開者の村」を引っ張り、その変化を見てきたことになる。息子のボロージャは軍隊で働き、結婚して子どもがいた。ボロービチ村は212戸、525人の大きな村に発展し、若者の目立つ村になっていた。もうチェルノブイリのこともあまり話題にならない。

スベトラーナは「原発事故からの20年で人生のすべてが変わった。事故を知らない人も増えた。後ろを振り返ってばかりはいられないが、昔の村が忘れられない」としんみりと話した。

20年は一人ひとりの人生を奪うには十分な長さだが、土地を汚染する放射性セシウム137の半減期（30年）にも満たない。

故郷は、家族、友人、学校、職業、風景、食べ物、暑さ寒さ……そうしたすべてのものがつながっている生活の総体だ。放射能で汚染され、いったん人が離れて乱された故郷は、たとえその後、帰村しても、もう元の生活は戻らない。

放射能汚染は長く続くが、人生はほんの2、3年でがらりと変わる。人生の時間と放射能の時間との大きな差である。

チェルノブイリの疎開者は40万人、消えた村は500ともいわれる。人生を翻弄された無数のスベトラーナがいるのだろう。37歳で原発事故に遭ったスベトラーナも57歳になっていた。

除染の「倫理」と「経済合理性」

ソ連当局はチェルノブイリ事故後、半径30キロの住民11万6000人を強制疎開させた。その後、正確な汚染地図をつくり、1平方キロ当たり40キュリー（1平方メートルあたり148万ベクレル）以上の汚染地を強制疎開、15キュリー（同55・5万ベクレル）以上の汚染地を優先避難地域とした。汚染地の中心部は1平方キロで200キュリー以上の高濃度汚染地域も多い。15キュリー以上の汚染地は約1万平方キロ（福島では約600平方キロ）に及ぶが、そこがきちんと疎開対象になっているわけでもない。逆に、5～15キュリーの場所からも自主避難が出ている。

無人ゾーンの面積ははっきりしないが、最初に疎開した30キロ圏で約3700平方キロ。その他も合わせてウクライナ、ベラルーシ、ロシアで約5000平方キロ以上になっている。

無人ゾーンへの出入りはゲートで管理されているが、ゾーン内は無人ではない。停止した原発やその近傍では、原発の管理、放射能の監視、警備などで相当数の人が働いている。ゾーン内の「チェルノブイリ」という町にはレストランや簡易ホテルもあり、一般観光客のツアーにも開放している。

発電所の職員は、近くの町スラブディチから電車で通い、ほかの人はチェルノブイリの町で寝泊まりする。ただ、その人たちも月のうち半分はゾーン外で生活する。

ゾーン内でそうした活動ができるのは、舗装道路や建物の周辺を水で洗ったり、表土を入れ替えたりする除染を行っているからだ。

しかし、草むらや森に入ると、放射線量は跳ね上がる。事故直後、高濃度の放射能雲の通過で松が赤く焼けた「赤い森」ができた。その木を埋めている場所では、06年でも測定器の針が振り切れた。どのくらいの線量だったかわからない。

森の放射線量が高いのは、放射性物質が地表面にとどまる傾向があるからだ。土の粒子にくっついてなぜか深くに潜らない。事故当初は、雨で地中深く入り、地下水で大きく動くと思われていたが、そうはならなかった。

表面近くにある放射性物質の一部は植物の根で吸い上げられ、秋には落ち葉として地表に落ちるという「サイクル」を繰り返している。これもいくぶんかは「表面への定着」に寄与している。しかし、

「植物に吸い取らせて土地を除染する」ほど多くを吸い取る植物はない。

ウクライナ環境生態研究所で06年に話を聞いたところでは、「セシウムは今も土地の表層にある。深さ10センチまでに大体90%があり、表面から動かない」ということだった。したがって、地表面の放射能はほぼセシウム137の半減期（30年）で期待できる理論的なスピードでしか減衰しない。ストロンチウムは少し深く潜っていて、深さ25センチくらいまでに90%があるということだった。ストロンチウムは比較的水で移動しやすい。

ウクライナのシュマルハウゼン動物学研究所で、96年に聞いたところによると、86年の事故直後にはネズミが大発生、翌年秋には、1ヘクタールに2500匹と事故前の50倍もいた村もあった。穀物が置き去りにされたためだ。ネズミなどをねらうタカやトビなども多く飛来したが、ネズミは数が増えすぎ、穀物も底をついたため激減。96年段階では事故前の1・5～2倍に落ち着いた。

狩猟がなくなったので大型獣も増えた。事故10年後の96年は事故前に比べてイノシシは8～10倍、シカも5～6倍になった。すべて大型化していた。オオカミも増え、ヤマネコなど希少種も確認されている。鳥類も春と秋の渡りの季節には大量に立ち寄るなど、確実に増えた。

チェルノブイリでも「除染」という言葉はあるが、基本的に、建物を洗ったり、市街地の表土を少し削ったりすることをいう。

農地や森林の除染はしない。理由は、莫大な費用がかかるが、畑の生産性などそれに見合う経済的リターンがないからだという。農地の表土を取って新しい土に入れ替える試みをした場所はあるが、農地が肥沃でなくなったという。

最も効果的な除染は表土を取ることだが、大量に取れば、その置き場に困る。ウクライナもベラルーシもさまざまなことを試行した結果、「農地も森林も除染しない」方針をとっている。要するに除染は「処理する量が少なく、予算が多くあればできる」ということだ。

日本では除染に関して、「倫理」と「経済合理性」が混乱して話されている。放射能汚染を起こしたのは東電であるから、どんなに苦労しても、きれいにすべきだという倫理がある。莫大なお金をかけて土地や山の一部の除染も試みられている。環境省などは「あとで東電に支払ってもらうから」というが、それは不可能だろう。もし東電が支払ったとしても、それは、政府の支援か電気料金という形かで国民から集めるお金でしかない。

福島事故後、日本から多くの視察団がチェルノブイリに行き、「森も農地も除染しない」ということに驚いて帰国した。日本は経済力もあり、代わりの土地もない狭い国で、福島の土地もチェルノブイリよりはインフラの集積度が格段に高い。ある程度はチェルノブイリより広く除染することが可能だろうが、原則や経済合理性、その土地の具体的な状況に基づいて狙いをしぼって行う必要がある。

「地域を元に戻すべきだ」という倫理的な言葉の下で、あいまいに対象を広げればムダな支出、ずさんな作業が生まれる。「元の町には戻らず、新しい生活を始める」という人が増えている。人生は短い。お金は被災者の生活再建全体を補償することを目的として、有効な使い方を考えるべきだろう。

旧ソ連は、国家がすべてを決めることができた。石棺建設など危険な除染労働への動員、強制疎開、補償、新しい土地と家の提供、新しい職業の提供、大学などへの優先入学など。その判断の多くに民主的な議論はなかったろうが、合理的な判断もある。それを取捨選択して生かすことが必要だ。

世界の反応——反原子力の潮流

福島原発事故が起きる前の大事故といえば、米国のスリーマイル島（ＴＭＩ）原発事故（１９７９年）とソ連のチェルノブイリ原発事故（１９８６年）だった。

チェルノブイリ事故の衝撃の大きさはＴＭＩの比ではなかった。欧州各国では原発建設計画がとまるだけでなく、「原子力は市民社会と共存しない」といった反原子力の思想も出てきた。

世界の新規原発の運転開始数は、84年の37基がピークで、その後大きく減っていった。

チェルノブイリ事故が起きた86年は、ドイツ国内で原発反対運動が燃え上がっていた時期だ。ドイツでは80年に「緑の党」が生まれ、83年には連邦議会に進出していた。

国内での反原発運動がいっそう盛んになり、89年バッカースドルフ再処理工場の建設が放棄され、完成にこぎつけた高速増殖炉（ＦＢＲ）「ＳＮＲ３００」も、91年、チェルノブイリと同様の暴走事故の危険性が問題にされる中で放棄に追い込まれた。

89〜90年の東欧の民主化では東欧にあるソ連製原発が問題になった。90年だけで東ドイツのロシア炉が5基、ロシアでも数基が廃止された。これらを含め90年は世界で17基の原発が廃止になった。

スウェーデンはＴＭＩ事故翌年の80年、国民投票を行い、その結果に基づいて、政府は「国内の原発

12基を２０１０年までに全廃する」と決定した。当時は稼働中が6基だけだったが12基までつくろうとしていた。廃止計画に従って99年と２００５年に1基ずつを停止したが、政府の方針は何回も変わり、２０１２年時点では、「10基以上には増やさない」という状態だ。

イタリアも87年に国民投票を行って原発の閉鎖を決め、87年に1基、90年に2基止めて原発のない国になった。２０１１年にも国民投票を行い、「原発をつくらない」となった。

オーストリアはチェルノブイリ事故後、すでに完成していたツベンテンドルフ原発を、運転しないまま解体することにした。英国は90年の電力自由化で原発建設の熱意を失った。

欧州の中でフランスだけは、例外的にあまりマイナスの影響を受けなかった。さまざまな分析が可能だが、一般的に、核兵器所有、原発、宇宙開発の分野で先端技術を維持することが国家のアイデンティティーの重要部分をなすことを、歴代政府だけでなく国民も広く共有しているからだといわれる。

欧州で広がった反原発思想に大きな影響を与えたのは１９７７年に出版されたドイツのロベルト・ユンク著『デル・アトム・シュタート』（邦題『原子力帝国』１９７９年）[*9]だ。

ユンクはその本の中で初期の原子力産業の実態を描き、有害で核兵器の材料になる物質を扱うがために、平和利用と軍事が渾然一体になり、事故やテロへの備えのために自由のない管理社会になるということを描いている。

原発の草創期に、事故の脅威というより、人間的な市民社会への脅威を描いているのである。この本の特徴は日本語版の「訳者あとがき」で的確に指摘されている。

「ユンクが提起しようとしている問題は、原子力の開発が国家社会のあり方にいかなる影響を及ぼそうとしているか、ということである。原子力という巨大技術を導入することによって、社会は自由や創造性のない硬直した管理社会となり、民主主義を標榜する国家すらがその精神を失い、全体主義的国家＝『原子力帝国《アトム・シュタート》』へと変質せざるを得ないというのである」

その後の各国の原子力計画の立て方の不透明性、秘密主義、事故情報隠しなどでその指摘は証明されたといえるが、極めて早い時期に原子力社会の重苦しい本質を見抜いた先見性に驚く。

ちょうど同じ70年代、米国では、エイモリー・ロビンス氏が「ソフトエネルギー・パス」という概念を提唱していた（同名の本を77年に出版）。

産業革命のあと、人類のエネルギー選択は石炭、石油天然ガス、原子力へ進み、拡大してきた。これを「ハード（固い）エネルギー・パス」と呼び、そうではない道、分散型の自然エネルギーを柱にする「ソフトエネルギー・パス」の道へ進むべきだというものだ。世界の主要国がめざしているハードパスではない別の道があることを示した。

今でこそ、この考えはよく理解できるが、当時は日本でいえば高度成長期で、増大するエネルギー需要を懸命に「ハードエネルギー」で満たそうとしていた時期であり、実際に使える自然エネルギーもほとんどなかった。

一方、日本の原子力産業界は原子力への逆風をうまく乗り切った。日本にとって、チェルノブイリ事故はやはり遠い国の遠い出来事だった。大量の放射能が飛来してパニックになった欧州とは異なる。事故の情報も少なかった。無人になった30キロ圏とはどんな場所なのか、疎開者はどうしているのか、皆目わからなかった。管理された少ない情報、管理された公式の事故報告書しか出てこなかった。

1990年に事故炉を覆う「石棺」を実際に取材して驚いたことがある。石棺は遠隔操作クレーンなどで多数のコンクリートパネルを立て掛けて突貫工事でつくったが、パネルの継ぎ目にはすき間があった。原発職員から「すべてのすき間を合わせると面積は1000平方メートルある。困ったものだ」と聞いたときには心底驚いた。

日本に届いていた公式発表は「事故炉は石棺で密閉され、放射性物質が漏れ出ないように内部はマイナス気圧に保たれ、空気はフィルターを通って外に出されている」というものだった。しかし、現実は、小鳥が中に巣をつくり、スイスイ出入りしていたのである。「すき間の合計は100平方メートルに減った」と聞いたのは、2006年だった。

日本国内で原子力産業界や政府は、「ロシアの原子炉は日本とタイプが違う」「日本は格納容器があるから大丈夫」ということが徹底してPRされた。「うちの子に限って」であるが、奏功した。

しかし、欧州ほどではないにしても反原発の波は日本にも来た。事故2年後の1988年4月24日、東京・日比谷公園で開催された反原発全国統一行動「原発とめよう一万人行動」には日本の原発反対史上最大の2万人が集まった。この事務局長は反原発の市民科学者、高木仁三郎氏だった。事故から2年も経ってこうした集まりができるのは、原発問題が新たな市民層へ広がっていたことを意味した。

その4月、電気事業連合会は「原子力PA企画本部」を設置し、通産省も5月、「原子力広報推進本部」を設け、反原発運動への反撃を強めていった。[*10] ＰＡはパブリック・アクセプタンス（社会受容）を意味する。

ちょうどそのころ作家・広瀬隆氏が書く反原発本が売れる「ヒロセタカシ現象」が広がっていた。もとは、四国電力が計画していた原発の出力調整運転に反対する運動だったが、一気に広がりのある運動になった。

これにも、日本原子力文化振興財団が、広瀬氏の書いていることに逐一反論する冊子『「危険な話」の誤り』をつくって配布するなど、国をあげて反論した。[*11]

日本の原子力史上で初めて、原子力推進派が危機感をもって論争を組織した。それまで、原発立地地域での反対運動はあったが、一般の市民に広く浸透したことはなかった。

日本では、新規建設がとまるようなことはなかったが、この時期の反対運動の広がりは後々まで影響した。新しい原発立地地点として候補にあがっていた高知県・窪川町、和歌山県・日高町、同県・日置川町などの計画は事実上この時期に断念されたからだ。

それは後年、原発の建設数の減少をもたらした。「今、日本国内でいくつの原発が建設中か」という「建設中の原発数」を見ると、第１次石油危機後の１９７３～１９９２年ごろまでは10～17基もあったが、94年以降は2～4基の状態になった。[*12] 原発建設、核燃料サイクルへの移行など、原子力政策の前進の「スピード」は緩んだ。

日本はチェルノブイリ事故を軽視し、政策への影響も限定的だった。しかし、この事故が、いくつもの重大な教訓を提示していたことを、25年後に知ることになったのだ。

＊1　「チェルノブイリ事故、設計ミスと断定」朝日新聞、1991年2月9日夕刊
＊2　『地球被曝　チェルノブイリ事故と日本』朝日新聞社原発問題取材班、朝日新聞社、1987年4月
＊3　「チェルノブイリ事故に伴う放射線の健康影響」放射線影響協会、2000年3月
＊4　「ベラルーシ汚染地域での先天性障害」ゲンナジー・ラズュークほか、『チェルノブイリ事故による放射能災害　国際共同研究報告書（今中哲二編）』所収、技術と人間、1998年10月
＊5　『放射線の線源と影響　原子放射線の影響に関する国連科学委員会の総会に対する2000年報告書』（日本語版・全二巻）実業公報社、2002年3月
＊6　「事故直後の放射線障害と10年後の状況」アラ・ヤロシンスカヤ、前掲『チェルノブイリ事故による放射能災害』所収
＊7　『チェルノブイリ原発事故の実相解明への多角的アプローチ』京都大学原子炉実験所、2007年
＊8　"Radiation and the Risk of Chronic Lymphocytic and Other Leukemias among Chornobyl Cleanup Workers",Lydia B. Zablotska, et al.Environmental Health Perspectives,Nov.2012
＊9　『原子力帝国』ロベルト・ユンク、山口祐弘訳、アンヴィエル、1979年9月
＊10　「原発PR大作戦」山口俊明、世界、1988年9月

＊11　「『危険な話』の誤り」全二巻、日本原子力文化振興財団、1988年7－8月
＊12　「原子力政策の課題と対応方針／原子力立国計画」資源エネルギー庁、2008年1月

あとがき

チェルノブイリ事故は世界の原子力政策を大きく変えた。福島原発事故は日本の原発、エネルギー政策をどう変えるのだろうか。10年後、20年後に振り返ったとき、「福島事故を教訓に日本は政策をこう変えた」ときちんといえるだろうか。

その議論が始まっている。本書は、その議論に役立つ資料になればと思って書いたものだ。

原子力、環境、エネルギー分野を20年以上取材してきた経験を元にしている。この分野は互いに関係しており、「原子力だけ」「環境だけ」ではなく、さまざまなことをバランスよく考えなければならないが、これが簡単ではないことにいつも悩まされてきた。電気や電力制度の技術については専門家だけの議論になりがちなこと、あるいは、この分野では「原発推進」「反原発」に代表されるように、立場によってまるで異なる意見の対立があるからだ。日本に入ってくる海外の情報もしばしば誇張された解釈がくっついてくる。

日本と世界の戦後のエネルギー政策の流れを大まかに描くことで、エネルギーに関する議論と課題の全体像を浮かび上がらせる。そうすれば常識的な疑問にもとづいた議論にも役立つ。この20年を振り返れば、世界では電力自由化と自然エネルギーの導入が進み、原子力政策は各国で大きくばらつくなど、劇的な変化が起きた。その中で日本はかなり特異な道を進んでいる。それぞれの政策が、海外と日本でどんな歴史的な経緯で変遷してきたかを明らかにすれば、どこに日本の政策の特徴、問題点があるかもわかると思った。

電力制度は「社会の背骨」のように非常に重要な社会システムであり、確かに改革の失敗はできないが、60年間も変わらないことによる問題が蓄積している。

エネルギー議論はこれから長い間続く。怠惰な現実主義という言葉があるが、それに陥りそうになったときには、福島にある「炉心が溶融した3基の原発」と、故郷を離れた16万人の人たちの存在を思い出すようにしたい。

竹内敬二

2013年1月

第2刷へのあとがき

チェルノブイリ原発事故を「遠い国の悲劇」として見てきた日本は、福島第一原発の事故でその鼻をへし折られた。日本は福島事故を教訓として生まれ変わることができるかが、この本のテーマである。

福島第一原発事故が日本社会に突きつけた課題は、エネルギー政策の大転換だ。そのためには「原子力の大幅削減」「自然エネルギーの大幅増加」「電力自由化の推進」の3分野での並行した改革が必要だ。しかし、うまく行くかどうかは不透明だ。福島事故から5年が経過した時点でみてもすでに、総数を示さないままの原発再稼働、自然エネルギーの抑制、発送電分離が不透明な中途半端な電力自由化という「ブレーキ」がみえている。背景にあるのは、日本社会における電力業界の特殊な強さ、大きさだろう。

本書は多くの部分を「電力業界が日本社会を支配するような社会産業構造がどのようにできたか」の分析に費やした。その構造は強固だ。電力業界はこれまでの形を変えたがらない。エネルギー政策の転換には、転換を求める側の力と継続性も試されることになる。

2016年4月

竹内敬二

事項索引

・主な出来事、機関名などを掲出した。
・（　）は別名、略称など。

あ　行

か　行

さ　行

た　行

な　行

は　行

ま 行

や　行

ら　行

ＡＢＣ

人名索引

・本文に出てくる主な人名を掲出した。

ま　行

や　行

ら　行

竹内敬二（たけうち・けいじ）
朝日新聞記者。1952年、岡山県生まれ。京都大学工学部修士課程修了。1980年、朝日新聞社入社。和歌山支局、福山支局、科学部、ロンドン特派員、論説委員、編集委員など。温暖化の国際交渉、チェルノブイリ原発事故など、環境・エネルギー・原子力・電力制度などを取材してきた。著書に『地球温暖化の政治学』（朝日選書）、共著に『エコ・ウオーズ』（朝日新書）など。

朝日選書 898

電力の社会史
何が東京電力を生んだのか

2013年2月25日　第1刷発行
2016年6月10日　第2刷発行

著者　竹内敬二

発行者　首藤由之

発行所　朝日新聞出版
〒104-8011　東京都中央区築地5-3-2
電話　03-5541-8832（編集）
03-5540-7793（販売）

印刷所　大日本印刷株式会社

Published in Japan by Asahi Shimbun Publications Inc.
ISBN978-4-02-259998-8
定価はカバーに表示してあります。

落丁・乱丁の場合は弊社業務部（電話03-5540-7800）へご連絡ください。
送料弊社負担にてお取り替えいたします。

新版 原発のどこが危険か
世界の事故と福島原発
桜井 淳
世界の事故を検証し、原子力発電所の未来を考える

化石から生命の謎を解く
恐竜から分子まで
化石研究会編
骨や貝殻、分子化石、生きた化石が語る生命と地球の歴史

研究最前線 邪馬台国
いま、何が、どこまで言えるのか
石野博信、高島忠平、西谷 正、吉村武彦編
九州か、近畿か。研究史や争点を整理、最新成果で検証

さまよえる孔子、よみがえる論語
竹内 実
孔子の生いたち、『論語』の真の意味や成立の背景を探る

asahi sensho

新版 オサマ・ビンラディンの生涯と聖戦
保坂修司
その生涯と思想を、数々の発言と資料から読み解く

関東大震災の社会史
北原糸子
膨大な資料を紐解き、大災害から立ち上がる人々を描く

液晶の歴史
D・ダンマー、T・スラッキン著／鳥山和久訳
誰もがなじみの液晶をめぐる、誰も知らないドラマ

新版 原子力の社会史
その日本的展開
吉岡 斉
戦時研究から福島事故まで、原子力開発の本格通史

（以下続刊）